島の一生に見る地球のダイナミズム
── 火山島の誕生から崩壊まで

噴火からみるみるうちに
成長していく西之島

（口絵写真：著者撮影）

口絵 2-a　西之島に上陸（2016 年）

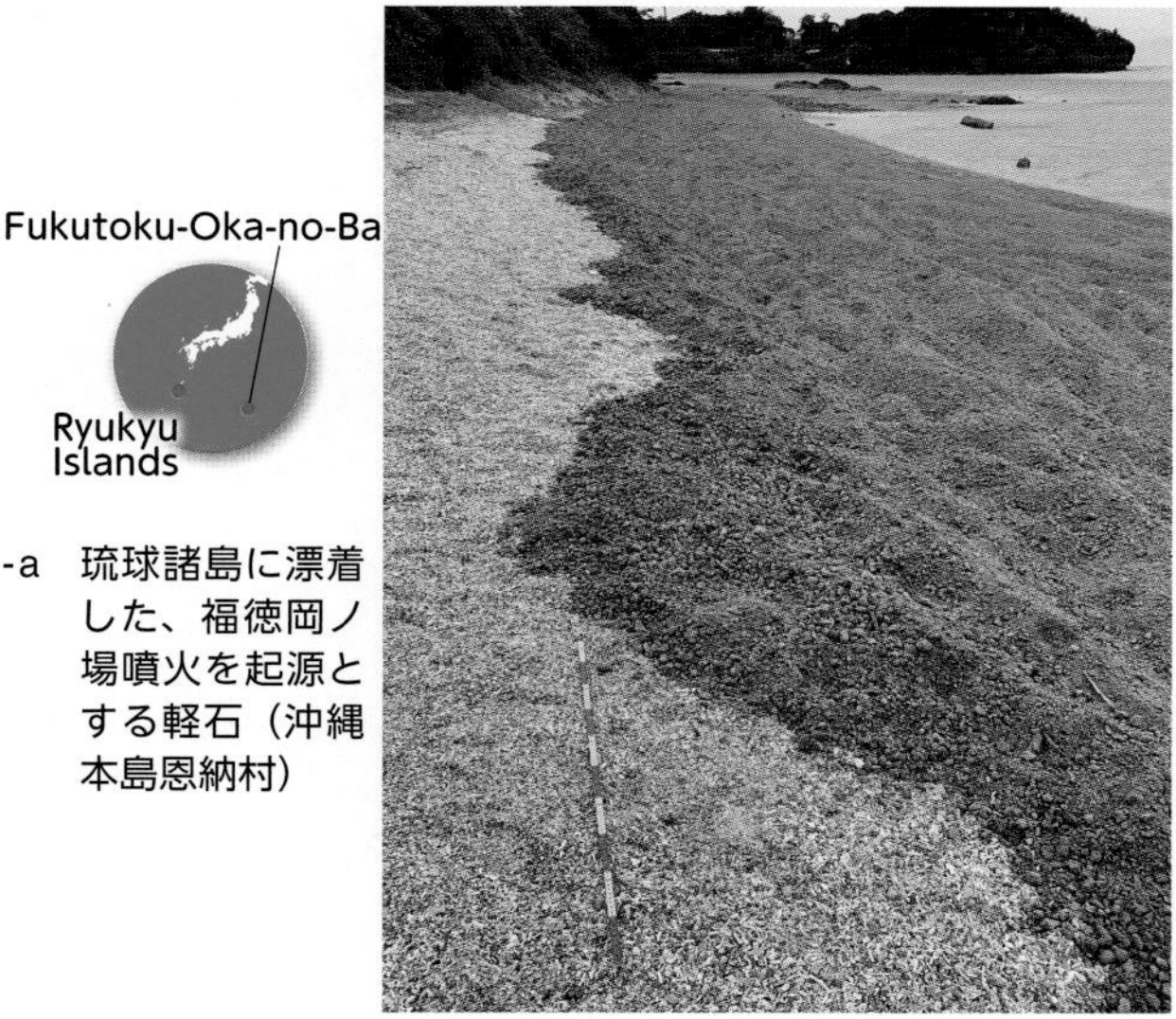

口絵 3-a　琉球諸島に漂着した、福徳岡ノ場噴火を起源とする軽石（沖縄本島恩納村）

口絵 4-a　切り立った溶岩ばかりの昭和硫黄島、遠方の島は竹島（薩摩硫黄島山頂より）

口絵 6-a　沈静化したといわれているが、まだまだ活発に活動するインドネシア、アナク・クラカタウ火山（2019 年）

口絵 6-b　火山灰が舞い上がり、景色が一変したアナク・クラカタウ火山（2019 年東隣のパンジャン島より）

口絵 7-a　ギリシア、エーゲ海に浮かぶキクラデス諸島のティラ島のカルデラ壁

口絵 7-b　表層が溶岩塊（クリンカー）で覆われているネア・カメニ（キクラデス諸島）

口絵 8-a　2023 年 10 月の西之島の姿

口絵 10-a　カリブ海のモンセラート島では、人々は噴火による甚大な影響を受けながら、火山と共生している

口絵 10-b　火砕流堆積物によって埋もれた、モンセラート島のかつての街。建物の残骸やサトウキビ製糖工場の煙突がわずかに顔を覗かせている

口絵 11-a　活火山の島であるとともに日本最大の無人島でもある、北海道・渡島大島（対岸の江良より）

口絵 11-b　18 世紀の噴火による噴出物が厚く堆積する、渡島大島の清部岳山頂付近

口絵 12-a　山頂付近は広く平らな地形。対照的に山腹は急斜面ばかりで至る所に浸食谷が発達する、アナタハン島（北マリアナ諸島）

口絵 13-a　西之島に通じるものがある、北マリアナ諸島、ウラカス

島はどうしてできるのか

火山噴火と、島の誕生から消滅まで

前野 深　著

ブルーバックス

装幀／五十嵐 徹（芦澤泰偉事務所）
カバー写真／毎日新聞社
本文・目次デザイン／齋藤ひさの

まえがき

ズシーンという体の奥まで滲《し》み入るような重低音がジェット機の中にまで響いてくる。眼下では数十秒おきに赤いマグマの飛沫が激しく噴き上がり、その度に、この独特の音波が大気を介して伝わってくる。同時に火口から湧き出した赤黒い溶岩が海に流れ込み、先端からは白い水蒸気がもうもうと立ち昇っている。火口から渾々《こんこん》と湧き出てくる溶岩を、まるで海水が必死に食い止めようとしているかのようだ。

ジェット機は噴火源にあまり近づき過ぎないように、島からやや距離をとって上空を旋回し続けた。傾く機体の中でカメラマンは必死に重力に抗《あらが》い、撮影に最適なアングルを探しながら、今まさに進行している火山島誕生の瞬間を記録に残そうとしていた。

周囲には大海原が見渡す限り広がっている。いたって静かだ。荒々しく噴火活動が続くこの小さな島の一帯だけが異世界に見える。

2013年に突如としてマグマを噴き出し、陸地を創り始めたこの島の名は「西之島」。小笠原諸島の西方にある孤島で、噴火を起こすまではおそらく誰も気に留めないほどの小さな島だった。研究者以外は火山とも認識していなかったかもしれない。

ところが、島の誕生、そして日本の領土や排他的経済水域の拡大という社会的にも興味深い現象が起きたため、メディアでもたびたび取り上げられるようになり、その知名度を上げた。西之島の噴火開始とともに著者の西之島との付き合いも始まり、ついに10年が過ぎた。

西之島で起きた噴火は、私たちが住む大地がどのように創られていくのかを生の姿を通して教えてくれている。このような壮大な地質現象が日本列島の中で突然始まったことに研究者でさえも驚き、地球の躍動的な姿に多くの人たちが魅了された。

近年、西之島だけでなく福徳岡ノ場《ふくとくおかのば》や硫黄島《いおうとう》の沖合で噴火が起こるなど、日本近海は海域の噴火により俄《にわ》かに賑わっている。さらに2022年1月には南太平洋トンガ王国のフンガ・トンガ＝フンガ・ハアパイ火山（フンガ火山）で大規模な海底噴火が起き、全球的な影響が生じたように、海外の海域火山も元気だ。

フンガ火山の噴火に伴い発生した巨大な噴煙や津波は世界を震撼させた。爆発により励起された大気波動（気圧波）が引き起こした津波は気象庁の予測より早く日本列島に到達し、南西諸島で港湾施設に被害が出るなど私たちの生活にも影響を与えた。フンガ火山では既存の島の一部が消滅し巨大な陥没孔が形成され、火山体や周囲の環境は大きく変わってしまった。

このフンガ火山のイベントを機に、気象庁は気圧波を発生させる可能性がある噴火を警戒し、噴煙高度が15㎞を超える噴火が捉えられた場合には、潮位変化に対する注意を呼びかける情報を発表するようになった。

地球表面の7割は海洋で覆われている。火山活動が活発な場所の多くは海域にある。海の中での火山噴火は決して特別ではなく、豊富な水を湛《たた》えた地球上ではむしろ普遍的に起きている。しかし海域火山はアクセスが容易でない場所にあることが多く、噴火や陸地が形成される過程の一部始終が目撃されることは珍しい。

西之島の噴火でマグマと海水がせめぎ合い、フンガ火山の噴火で津波が発生したように、海域での噴火では海水の影響により陸上で起こる火山噴火とは異なる現象が引き起こされ、災害の性質も違ったものとなる。離島という隔絶された環境では、調査・観測の自由度が下がるだけでなく、防災・災害対応など行政面でも陸域の火山噴火にはない問題と向き合う必要が生じることもある。近年観測された火山島や海底での噴火の例は、地球上のさまざまな海域で繰り返し発生する火山活動とその起源の解明や、噴火により引き起こされる災害を軽減するための手がかりを与えてくれるかもしれない。

西之島を火山島の「創造」の例とするならば、フンガ火山の噴火は「破壊」の例といえるだろう。近年の噴火事例を振り返ると、火山噴火は単に火山灰や溶岩を噴出するだけでなく、これまで考えられていた以上に、大気・海洋を含めた地球表層環境を大きく変化させる可能性があることもわかってきた。

しかしこのような陸地の創造と破壊、どちらの現象もまれにしか発生しない。頻度で言えば私たちが生きている間に再び目撃できるかどうかもわからないほどだ。近年立て続けに起きた海域での大規模な噴火は、私たちがたまたま運よく目撃できたといっても過言ではなく、この機会を火山現象の理解のために活かさない手はない。

本書では著者が実際に訪れた火山を中心に、海域火山で何が起きているのか、火山島はどのようにできるのかを探っていく（図0）。第1部「島の誕生から成長へ」では、西之島や福徳岡ノ場など国内外の火山を舞台に、火山噴火により島が誕生し、成長していくプロセスを見ていく（第1章〜第9章）。第2部「島の成熟から崩壊へ」では、成熟した火山島で起こる噴火活動とそれにより引き起こされる災害や、噴火と人間社会との関わりを見ていく（第10章〜第14章）。本書の内容は、講談社ブルーバックスのウェブ記事として2021年10月から2023年8月までで、およそ2ヵ月に一度の頻度で連載してきた「島はどのようにできるのか」をベースとしている。元の記事に追記・修正を行い再構成したものだが、第5章、第9章、第14章にはウェブ記事では十分に述べることができなかった火山学の基礎的内容を含め、各章のトピックの背景や位置付けについて補足している。また、コラム1〜3では火山噴火の様式や分類方法、用語などを簡単に解説している。

ウェブ記事連載および本書の執筆のきっかけとなったのは、西之島の噴火をはじめとする近年

図 0　本書の中に登場する火山
枠で囲った火山は主要なトピックとして扱う火山。それ以外は、おりに触れて登場する火山。

の海域での火山噴火だ。火山を研究する学問「火山学」はここ半世紀の間に大きく進歩し、噴火メカニズムの解明や火山災害の軽減に貢献してきた。しかし海域火山の研究はいまだ発展途上にあり、さまざまな海洋環境で起こる多様な噴火現象の原因の解明は十分に進んでいない。

そのような中、近年の海域での噴火を通して、そこで発生する噴火の特徴、噴火を駆動しているマグマの性質だけでなく、噴煙や火砕流、漂流軽石、津波などの災害の原因となり得る個々の現象について新しい知見も得られている。これらの現象の研究は、日本列島を構成する火山島の成り立ちを知るためだけでなく、その上に築かれてきた人間社会が、火山といかに共生していくかという問題へのアプローチにもなるだろう。

もくじ

第2部 島の成熟から崩壊へ ～「変化し続ける島」を探る 148

第1部

島の誕生から成長へ

「若い島」では何が起こっているのか

第 1 章

目のあたりにした火山島の誕生

西之島ができていくプロセスを目撃できる幸運

火山島として生き残る島、消滅する島

西之島。本州からはるか離れた南の海で、火山噴火によりこの島は誕生し、成長をはじめた。2013年11月、黒煙のジェットを激しく噴き上げ、爆発を繰り返している様子がテレビで頻繁に放映され、「新島誕生」の見出しが世を賑わせた。

島はみるみる成長し、となりの旧《ふる》い島や岩礁を飲み込み、4ヵ月後には直径1㎞を超える大きさとなり、日本の国土増加にも注目が集まるようになった。海に囲まれ、大小さまざまな島を有する日本列島が長い時間をかけて形づくられていく中で、火山噴火というダイナミックな地質現象がその一役を担っている姿を見せた瞬間でもある。

火山噴火が新たな島を生み出すという現象は、じつは日本近海でたびたび起きている。約半世紀前の1973年に同じ西之島のほぼ同じ場所で島が誕生し、注目を集めた。この島は2013年以降の噴火で新しい溶岩に飲み込まれてしまったが、それまでは「新島誕生」を象徴する存在として知られていた。

時代を遡り1930年代には、鹿児島県南方の薩摩《さつま》硫黄島《いおうじま》近海での海底噴火により昭和硫黄島と呼ばれる小島が誕生し、今なお存在している。この「新島誕生」は、戦前の激動の時代の中、

図 1-1 噴火開始から間もない頃の西之島の様子
マグマの破片が飛び散っている。
2013 年 12 月 20 日、著者撮影

当時新聞で大きく取り上げられた。

２０２１年８月には西之島よりさらに南にある福徳岡ノ場で大規模な噴火が発生し、奇しくも新島が誕生したが、この島は残念ながら４ヵ月ほどのうちに海面上から姿を消してしまった。そして２０２３年10月には、そのすぐ近くの火山、硫黄島の沖合で海底噴火が発生し新島が生まれた。西之島や福徳岡ノ場の噴火の時と同様に島の存続に注目が集まったが、この島も永く残ることはなさそうだ。

できたばかりの島は大きく成長する前に海《かい》蝕《しょく》により短期間のうちに消滅してしまうこともある。実際にはこのような例の方が多く、とくに伊豆小笠原地域では新島の誕生の傍らで新島の衰退と消滅も同じように起きている。

全ての新島が「島」として残れるわけではな

く、波に打ち克てるだけの強固な基盤を火山噴火によってつくることができるかどうかが、「島」として存続できるかどうかを決めている（図1―1）。

なぜ西之島が注目されているのか？

西之島では近年の噴火により大量の溶岩を流出し堅牢な島を創り上げた。その噴火活動は、噴火のメカニズムや、なぜそこに西之島のような火山体が存在しているのかという、火山と噴火を理解するための根源的問題に迫るだけでなく、火山島のでき方、つまり新しい島が誕生して成長し生き残るための条件を知る上でも貴重な機会を提供している。

日本列島には多くの海底火山や火山島がある。このうち活火山として定義されているものには、10の海底火山、23の火山島が含まれ、それらは気象庁が定義する国内の全活火山111のうち3割近くを占める。ちなみに気象庁による活火山の定義は「概ね過去1万年以内に噴火した火山及び現在活発な噴気活動のある火山」とされている。

本州をはじめとする主要4島とその付近の火山のうち50火山は、地震や地殻変動など活動の変化を検知するための観測網が整備され、常時観測火山として気象庁による手厚い監視下にある。

しかし海底火山や火山島として存在する活火山では、観測網の整備が行き届いているわけではない。そのような火山は、海底からの爆発や新島が生まれるような激しい噴火活動を起こす可能性を秘めているが、想定される表面現象やハザードが十分に整理されているわけではない。現状、有事の際の火山活動の把握やその影響の評価は簡単ではない。西之島の火山活動の理解を通して、海域火山に特有の問題の解決の緒を探ることも大切だ。

では西之島の火山活動を詳しく知るために、私たちはどのような方法を取れば良いのだろうか？　この問題は西之島に限らず、日本列島に存在しながら十分な観測体制が敷かれていない多くの離島火山に共通する問題でもある。

アクセスが困難な離島火山では、必要な調査観測をすぐに行えるわけではない。火山活動を理解するために、限られた条件の中で研究者はどのような方法でアプローチすれば良いのか試行錯誤し、調査観測におけるさまざまな工夫、機器開発、ノウハウの蓄積が必要となる。

西之島はこのような離島火山の活動の理解を目指した、さまざまな研究手法を試行するための実験場としても重要なのだ。

1702年にはすでに島があった

西之島の歴史は、実は前述の１９７３年の噴火以前から始まっている。１７０２年にスペインの帆船ロザリオ号により発見された、南北200m、東西50m、標高25mほどの小さな島が西之島の一番古い記録だ。

その後、1973〜1974年と2013年以降の一連の火山活動により島の面積は増加し、2020年の時点で直径約2・5kmの大きさにまで成長した。しかし直径30km以上も裾野を広げ、比高3000mにも及ぶ富士山に匹敵する規模の山体の大きさと比べると、海面上に現れている現在の島は、火山体のうちの微々たる部分を見ているに過ぎない（図1―2）。

海水を全て取り去ってしまえば、西之島の近年の噴火は富士山の山頂火口から溶岩が流れ出て、わずかに標高を増したようなものだ。西之島の噴火履歴は300年ほどしか遡ることができないが、火山活動は何万年という時間スケールで続いていて、近年のような、あるいはもっと大規模な噴火を何度も繰り返し、大きな山体をつくり上げている。

1970年代の噴火以前、西之島は北東―南西方向に細長く伸びた長径200mほどの小島に過ぎなかった。島の南側には水深約100mのすり鉢状火口が存在し、この火口は西之島の大きな海底山体の山頂火口に相当した。

1973〜1974年の噴火では、このすり鉢状火口の中での5ヵ月間におよぶ海底噴火活動により火口がしだいに埋め立てられ、その後、浅海での活動に移行した。そして1973年9月に、ついに旧島の南側に新火口が出現し新島誕生に至ったのだ。

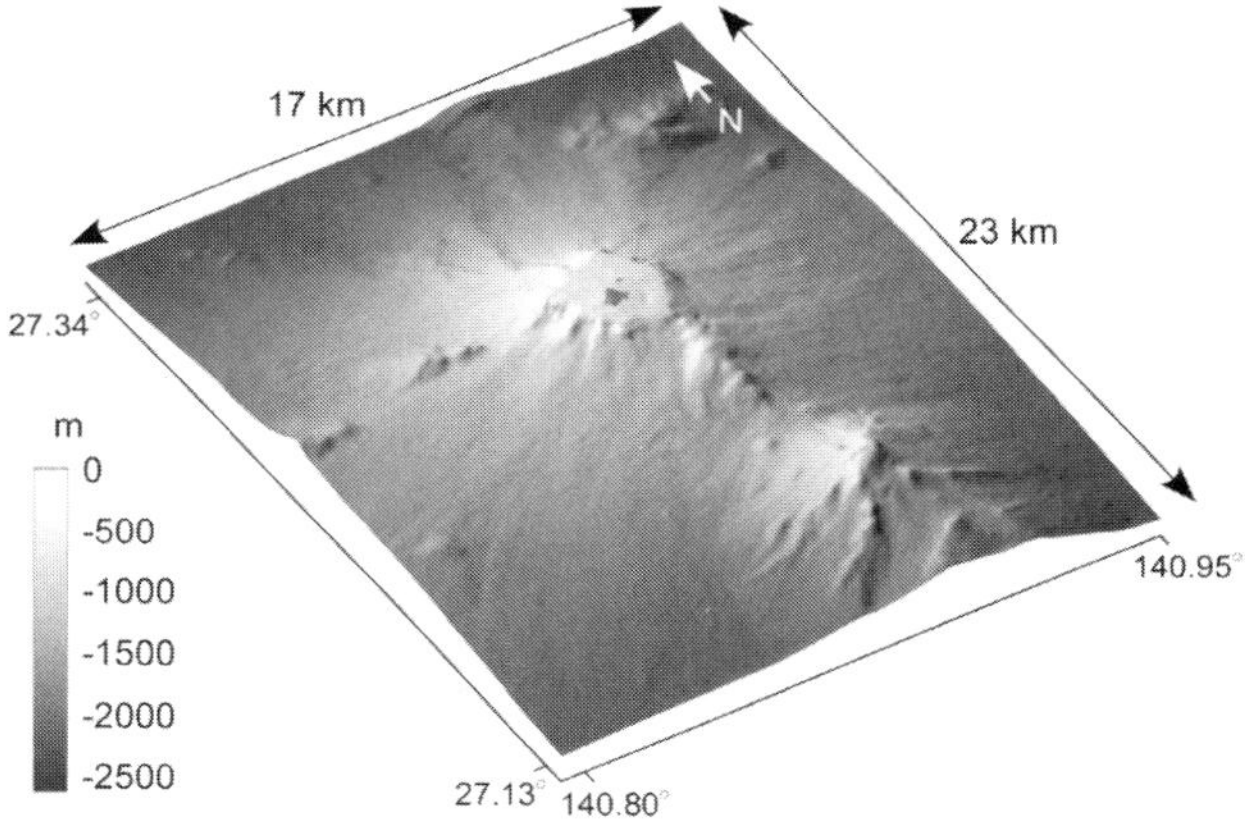

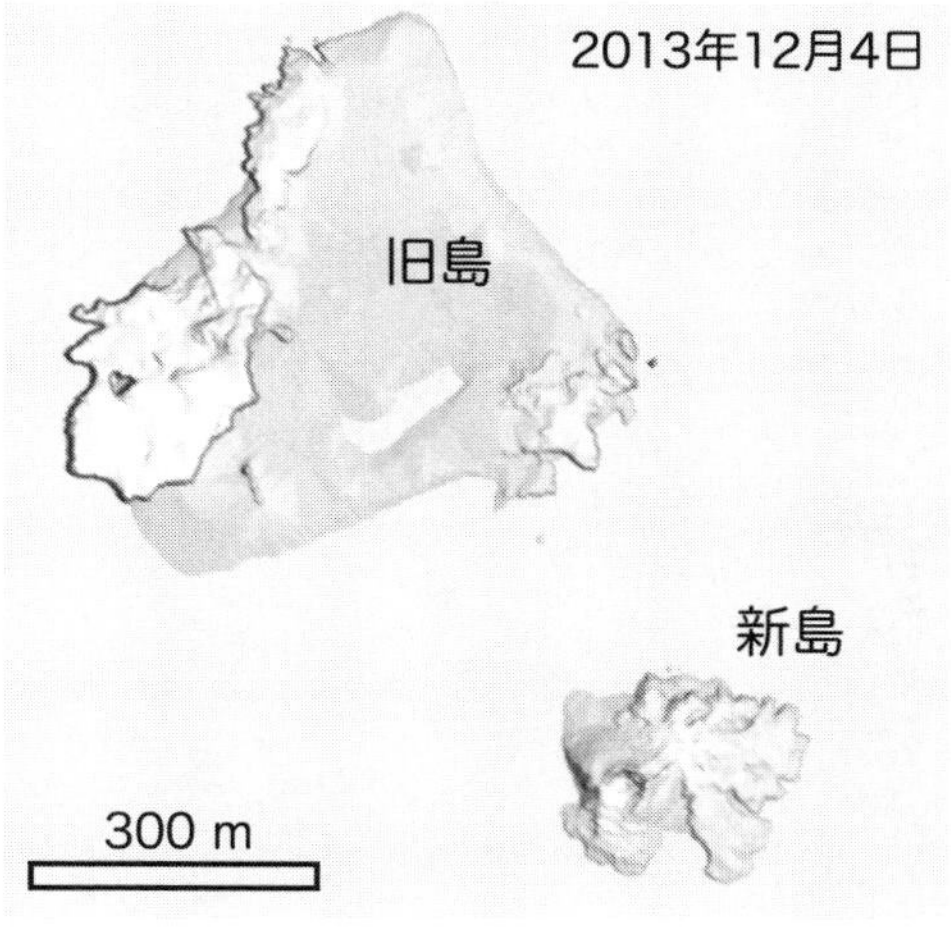

図 1-2 西之島の近年の噴火前の海底地形（上）と西之島旧島と新島の位置関係（下）
海底地形図は海洋情報研究センターの M7023 ver. 2.0（小笠原海域）に基づき作成。陸上の地形図は国土地理院公表の数値データに基づき作成

浅海で噴火が起こるとマグマと接触した海水が急激に気化、膨張し、激しくジェットを噴き上げるような噴火様式（スルツェイ式噴火）となる。このような噴火を繰り返しながらしだいに島は大きくなり、さらに溶岩を流出することで島は成長し続けた。

陸化に伴い海水の影響が弱まると、噴火は数十秒から数分おきに断続的にマグマを飛散させる噴火様式（ストロンボリ式噴火）に移行し火砕丘を成長させた。複数の火口形成と溶岩流出を繰り返しながら島は成長し、一年後には面積が約０・２５㎢に達した。

この活動の経緯や新島の成長の様子は、当時の研究者らにより詳細にまとめられた。その記録をもとにすると、海底噴火期には１日あたり10万㎥、新島形成期には１日あたり2万〜４万㎥の割合でマグマが噴出し、総量は２４０万㎥に達したと推定される。これは東京ドーム２杯分の体積に相当する。

この噴火の最中から直後にかけて、まだ地温が高い状態の中、東京水産大学（現東京海洋大学）、東海大学、東京工業大学、海上保安庁による上陸調査が複数回にわたり行われたほか、新聞社もこぞって航空機により噴火の様子を撮影し積極的に報道した。

激しい噴火の最中は島への接近は困難なため、安全海域にとどまる船上からカメラを積んだラジコン機により空撮を行うなど、近年の噴火でも直面している離島火山調査の課題に先駆的方法により果敢に挑戦した。

このように１９７３～１９７４年噴火では、新島の誕生と成長の過程が、当時の可能な限りの手段を尽くして追跡されたのだ。

みるみる成長した新島

火山には癖があり、同じ火山であれば過去に起きたことと同じような活動を繰り返すことが多い。そのため、次の噴火がどのような噴火になるかを予測する際に、過去数十年、数百年、あるいは数千年前まで遡り噴火履歴を調べ、どのような活動推移パターンを経験してきたかを明らかにし、あらかじめ知っておくことが重要になる。

西之島で２０１３年に噴火がはじまった際、研究者の多くは１９７０年代と同様の活動推移を経ることを予測した。確かに噴火当初、浅海でスルツェイ式噴火を繰り返し小島が拡大する様子や、断続的にストロンボリ式噴火を繰り返す様子は、１９７０年代の活動とよく似たもので、マグマの噴出率も１日あたり10万㎥程度と、同様の割合で推移した。

ところが噴火活動はいっこうに衰える気配を見せないどころか、１９７０年代よりも速いスピードで島は成長し続けた。結局、２年間にわたり溶岩を流出し続け、噴出量は１億㎥に達し、１９７０年代の噴火の規模を大きく上回る活動となった。

その後の1～2年おきの断続的活動も前回の活動には見られなかった推移であり、長期的な噴火履歴がわかっていないことを差し引いても、西之島の活動予測が簡単ではないことを私たちは思い知らされた。

40年前の噴火と同様に2013年の噴火当初は、報道機関の協力による航空機からの観察や海上保安庁が提供する情報をもとに西之島の噴火活動の理解が進められた。著者も報道機関のジェット機に搭乗する機会を得て、複数回、西之島の日帰り観察調査に加わった。

本土から西之島へはひとっ飛びで行けるわけではない。途中、八丈島で給油を行い、そこから1時間以上かかりようやく西之島上空に到着する。あるいは西之島をいったん通り過ぎ、硫黄島で給油を行ってから向かう場合もある。いずれにしても現地で観察できるのはせいぜい30～40分程度だ。

現地に着いたら、ただ漫然と噴火の様子を眺めているだけでは専門家として同行している意味がない。火口の位置と数、噴火の様式、爆発の頻度、噴煙の高さ、噴気活動の状況、変色水の状況、島の形状などを把握し、何が起きているのかを短い時間で整理し記録しておかなければならない。これは報道機関や行政機関に迅速にかつ適切な情報を提供するという目的だけでなく、一つの噴火記録として後世に残しておく意義があるためだ。

活発な時は数十秒から数分おきに爆発が起こり、赤いマグマの飛沫が火口から飛び散り、時には爆発の振動が機内にも響いてくる。海岸では溶岩が海に突入し、水蒸気の白煙が激しく上がりどんどん陸地を拡大していく様子は、まさに活きた火山が成長している姿だ。

西之島を訪れるたびに、いつまでもこの壮大な現象を観察していたい衝動に駆られながら島を後にしなければならないのだ。

２０１５年6月には海洋研究開発機構の研究船「なつしま」（２０１6年2月に船齢のため退役）により西之島周辺での海底調査が行われ、著者もこの航海に参加する機会を得た。この航海の目的は西之島の海底山体や周辺の側火山から岩石試料を採取し、西之島の火山体全体を構成する岩石の起源を解明するというものだったが（本書と同じ講談社ブルーバックスの、田村芳彦著『大陸の誕生』を参照いただきたい）、噴火中の島を観察できる貴重な機会でもあった。

研究船で西之島に向かう場合、東京から直行したとしてもおよそ50時間の長い道のりとなる。南へ丸一日も船に乗ると携帯電話も通じなくなり、ふだんいかに電波というものに依存して生活しているかを感じるようになる。そして甲板に出てみると、青い海はどこまでも広がっている。水平線が丸みを帯び、地球表面を移動していることを実感する。

ようやく西之島周辺海域に到着した「なつしま」は、６日間にわたりこの海域に滞在し調査を行った。この時点での船舶の航行に対する規制範囲は西之島の中心から４㎞とされていたため、残念ながらその内側に近づくことはできない。しかし研究者にとっては毎日朝から晩まで西之島が噴火している姿を目にすることができる至福の時でもあった。

調査期間中、ストロンボリ式噴火と溶岩流出は絶えることなく、マグマ供給は依然として継続していた。船の位置、撮影した島の形状などをもとにスコリア丘（黒っぽい火山破屑物が積もってできた円錐台形の山）の標高を見積もったところ150m程度で、これまでの報告に照らして島が徐々に成長していることが明らかとなった。溶岩流はスコリア丘の東山腹に形成された小火口丘の麓から南方向に流出し、緩斜面を形成して海に達している。旧島は西側の一部に残されていて、カツオドリとみられる海鳥が飛来している様子も観察された。

山頂では数十秒から1分程度の間隔で、濃い茶褐色の噴煙が勢い良く立ち上がっている。噴煙の根本からは弾道を描いて大きな岩塊が放出され、斜面に落下するとその衝撃で火山灰が舞い上がる。望遠レンズを駆使して噴火の様子を観察すると、弾道放出物は大きいものは長径数mに達すると推定され、固化したマグマだけでなく流動性のある状態で飛散しているものも確認できた。夜間には噴煙や弾道放出物が赤熱し、まるで灯台のような様相を呈している。

島の南東端では溶岩流が水平距離にしておよそ800mにわたり海に流入し、水蒸気の白煙をもうもうと上げ、島を拡大中だ。夜間は海に流入する溶岩の先端が赤熱し、その分布がはっきりと識別できるようになり、島の成長の様子がより鮮明となる。

日中に溶岩の表面付近をよくよく観察していると、背後の景色がゆらゆらとして焦点が定まらない。どうやら陽炎が立っているようだ。一見、黒々として表面は冷やされているかのように見えるが、溶岩流の表面の温度は非常に高く、とても近づけるものではなさそうだ。

こうして海底調査の傍らで噴火中の西之島の姿を目の当たりにし、航空機で空から見下ろしただけでは気づかなかった新たな西之島の表情を知ることができたのだ。

高温の世界と地下で起きていること

２０１５年頃になると、人工衛星や航空機による遠隔からの観測や周辺を航行する船舶による火山灰の採取も行われ、西之島で噴出している溶岩（マグマ）の特徴がしだいに明らかになってきた。マグマの種類は「安山岩」。安山岩は日本列島ではごく一般的な種類の岩石で、浅間山、霧島山、桜島など、国内のよく知られた活火山でも噴出する岩石だ。

しかし含まれる鉱物を調べると、この安山岩マグマの噴出温度は１０５０〜１１００℃程度と一般的に見積もられる安山岩の温度（９００〜１０００℃前後）よりもやや高く、マグマに含まれる斑晶（マグマ溜まりで成長した鉱物）の量が数％と、とても少ないことがわかった（多くの事例では数十％に達する）。このように温度が高く結晶度が低いという特徴はマグマの粘性（粘り気）を低めることになる。

マグマの粘性は火山噴火の様式や噴出物の特徴に大きく影響する（第5章）。粘性が低いとマグマ中に含まれるガス成分が抜けやすく、爆発を駆動する圧力（マグマ中の過剰圧）が溜まりにくくなる。そのため噴火様式としては穏やかになりやすい。溶岩の流出はこのような噴火の典型といえる。

一方、粘性が高いとガス成分は抜けにくくなり逆にマグマ内部に蓄積される圧力は増加する。そのため爆発的噴火を起こしやすくなり、結果として火山灰や礫《れき》など破砕されたマグマを噴出する激しい噴火となる。西之島の噴火様式はふつう弱い爆発と溶岩流出で、前者の穏やかなタイプだ。これはマグマの粘性が低いことを反映したもので、この頃の西之島の活動の大きな特徴だった。

どのようなマグマが噴出しているかを知ることは、西之島の火山活動の原因、つまり地下で何が起きているかを探る上でとても重要なため、島をつくっている岩石を直接採取し、さらに詳しく調べる必要があった。そのためには上陸調査が不可欠だが、残念ながら行政機関による立ち入り規制のために、2013年の噴火開始から2年経過しても上陸調査が実現することはなかった。

この点は噴火中であっても果敢に上陸調査が行われた1970年代の噴火とは大きく異なる。時代背景も変わり、研究者もそれを踏まえた調査観測を行う必要があることを強く認識させられた場面でもあった。しかしこのことは、上陸せずに岩石を得る方法、すなわち無人機を用いたサ

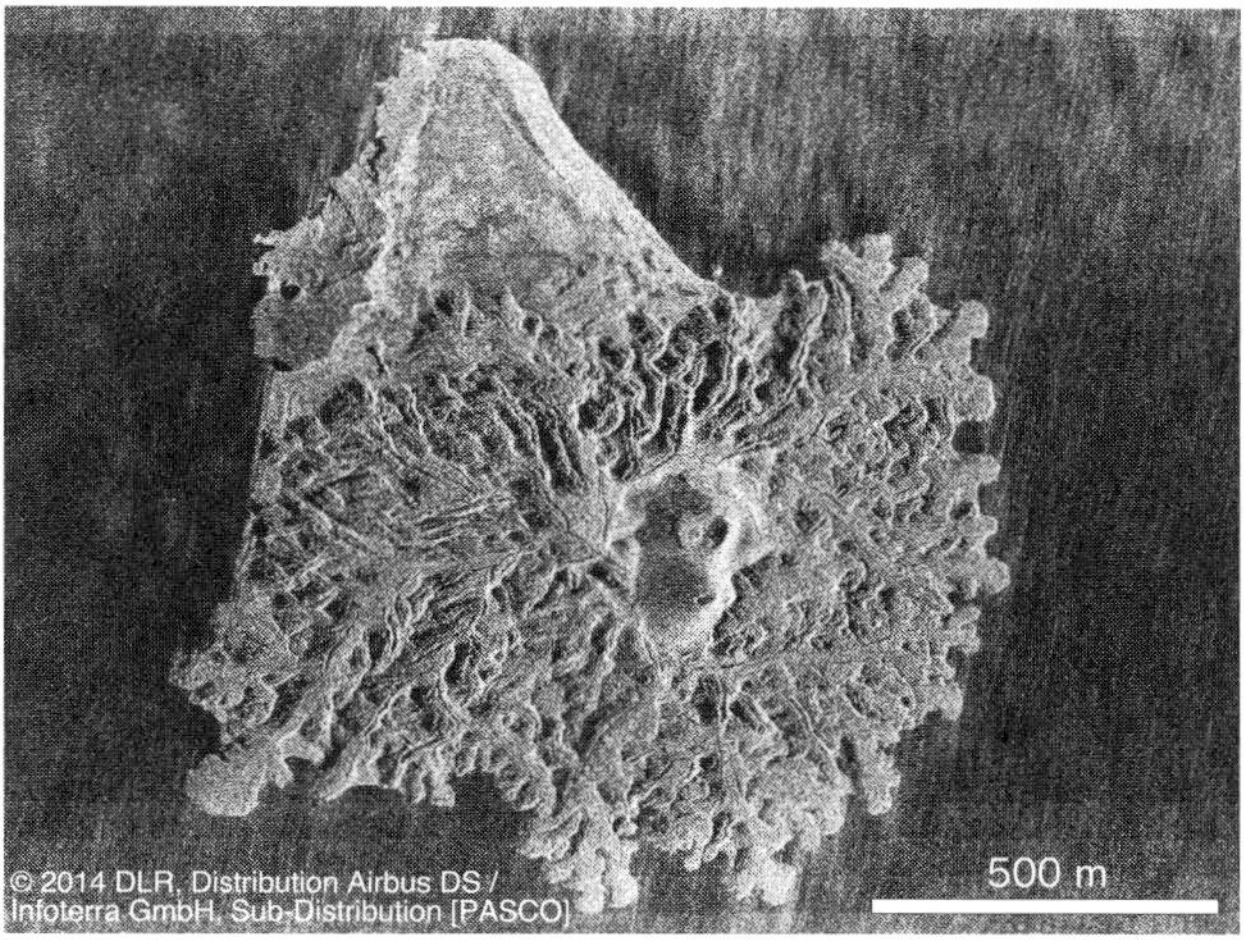

図 1-3 合成開口レーダーにより捉えられた西之島
上部の平坦な部分が噴火前から存在する西之島。旧い西之島を覆うように、新しい溶岩は樹枝状に拡大していった。
TerraSAR-X により 2014 年 4 月 13 日撮影

ンプルリターンの実現やそのための新しい技術の導入、調査協力体制の拡充など一歩進んだ調査・研究の方向性を見出すことにつながっていった。

　西之島の火山活動を知るための方法は、地道な観察を続けるという点では１９７０年代と大して変わらないという見方もできるかもしれない。しかし遠隔からの火山観測技術は格段に進歩し、それを駆使した調査観測が行われたからこそ、火山島をつくる西之島の鮮明な姿が浮かび上がったのだ。

　とくに人工衛星からの定時定点観測は極めて有効で、西之島の成長の様子が高い分解能で克明に捉えられるようになった。活発な噴火活動中には噴煙により可視領域の波長による観測で地表を見ることは難しいが、波長がより長い電磁波を用いた合成開口レーダーによる観測では、噴煙や雲による影響を受けずに地表面の変化の様子を追跡することができる（図1―3）。このような人工衛星による観測で得られた時系列データは、島の成長率や表面形態の定量解析を可能にし、一見、単調に少しずつ進行しているように見える島の成長が、実際にはマグマの噴出率の大きな変動を伴い、段階的にダイナミックに起きていることが明らかになったのだ。

第2章

成長し続ける火山島

西之島の噴出したての岩石から見えてきたもの

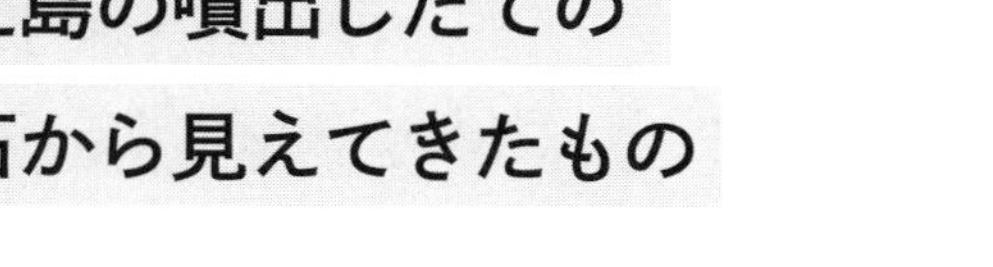

西之島が生き残った理由

2021年10月、海底噴火により発生した軽石群が太平洋沿岸につぎつぎと漂着し社会的問題となった。噴火を起こしたのは西之島から300㎞南下した場所にある福徳岡ノ場だ。その給源付近には軽石や火山灰からなる新しい島がつくられた。

この福徳岡ノ場と西之島、どちらも浅い海で大量のマグマを噴出し新島をつくったという点で似ている。しかし西之島では溶岩によりつくられた新島が浸食に耐え続けているのに対し、溶岩が流出せず砕屑物でつくられた福徳岡ノ場の新島は、噴火後から3ヵ月後にはずいぶんと縮小し、4ヵ月後にはほとんどなくなってしまった。この違いは島をつくるための材料として溶岩がいかに重要な役割を果たしているかを示している。

前章では西之島で起きた「新火山島の誕生」という稀有なできごとがいったいどのようにして起きているのかを理解しようと、さまざまな研究が進められていることを述べた。本章では西之島が溶岩流により成長し続ける傍ら、静穏期に行われた上陸調査によって見えた新島の姿に迫りたい。

航空機や人工衛星など遠隔からの観測は、西之島のようにアクセスが困難な場所で起きているできごとをいち早く知るための重要な手段である。しかしそれらの分解能で捉えきれない情報を得たり、遠隔からの情報にもとづく仮説を検証したりするためには現地に行くより他に術はない。

西之島について言えば上陸調査は究極の術だ。そこで何が起きていたのかを知り、そして今後何が起こり得るかの情報を得るために、研究者は噴火後に一刻も早い上陸調査の実現を望んでいた。

噴火直後の西之島には激しく波が打ちつける切り立った断崖や岩場が多く発達し、上陸できる場所はごく限られていた。しかし時間が経つにつれて海に突き出た溶岩は浸食され、凹んだ湾状部では堆積作用により浜の形成が進み、海岸地形はしだいに丸みを帯び滑らかになっていった。旧島を含む西側には広大な砂礫浜がつくられ、上陸に格好の場所となった（図２―１）。

このような場所ができたのだからすぐに上陸できるだろうと思われるかもしれないが、じつは西之島には特有の事情があり、実現までにはさまざまな関門を通過しなければならない。

西之島の科学的価値は、新たな火山島の地形地質やそれを生み出した噴火活動だけでなく、生物活動の場の創生という側面にもある。鳥、昆虫、植物などによりつくられる島の生態系は２０１３年以降の噴火活動により大きな影響を受けたはずだが、それらが今どのような状態にあり、今後新しい隔絶された環境の中でどのように変化していくのだろうか。

図 2-1 2015年に噴火が停止した西之島
上陸調査が行われた西海岸と旧島（左手前の、海岸から一段高くなっている、平坦面を有する台地状部分）。
著者撮影

新たな陸地の形成は新たな生物活動のはじまりと密接に関係しているはずであり、西之島はそのような生物圏も含めた地球表層の営みを理解する上で極めて貴重な場所となっている。

２０１９年からの噴火でわずかに残っていた旧島も新しい溶岩流に覆われてしまった現在、西之島は生態系としては始原的な状態にある。火山学と生態学、一見無関係のようだが西之島ではこれらの分野を跨いだ相互の理解と協力が重要になっている。

いよいよ上陸！

西之島（旧島部分）は自然公園法によ

る特別保護地区に指定されているほか、世界自然遺産として登録されている小笠原諸島の一部でもある。西之島の科学的価値を損なうことになりかねない人為的攪乱《かくらん》を避けるため、上陸調査にあたっては細心の注意を払う必要がある。

「攪乱を避ける」ことは上陸方法とも関係している。調査用具や観測装置、衣類も含め全てクリーンな状態で上陸することが求められる。島に持ち込む物については、事前にクリーンルームを作り、そこで環境省による検疫を受け、パッキングを行い、上陸するまでは一切開封しないという手続きを踏む。

当然、人間もクリーンな必要があるが、こちらについては泳ぐことによって海に洗浄してもらい上陸するというやや原始的な方法（ウェットランディング）をとる。泳ぐよりもゴムボートなどで接岸した方が楽かもしれないが、このような方法だと攪乱のリスクが高まるだけでなく、穏やかな海況か熟練者でなければ逆に外海に向けてゴムボートを漕ぎ出すのは困難で、島から離脱できなくなるリスクが生まれる。

西之島では泳いで上陸し泳いで離れるのが島の事情柄、最適な方法なのだ。そのため調査隊は事前にウェットランディングのための水泳訓練を積み、フィンが外れても慌てずに泳ぐ方法も習得する。

生態系分野にとっての天敵は外来種で、貴重な原初生態系に外来種が混入することを最も恐れている。植物の種も例外ではない。島内に排泄物を残してはいけないし、島外で用を足すにしても、島の近傍であれば耐性が強い種子の類は島に漂着して攪乱の原因になり得るということで、調査隊メンバーは1週間前からトマトなど種が目立つものを食べないようにしていた。ちなみに、著者は念のためトマトだけでなくキウイやオクラも避けていた。このような準備は生態系分野では常識なのかもしれないが、火山研究者にとっては馴染みがなく、新しい文化に触れるようなものだ。

西之島で新島が形成された2013年以降、はじめて上陸調査が行われたのは2016年10月中旬である。この調査は東京大学大気海洋研究所の研究船「新青丸」による西之島調査航海の間の2日間に行われた。地質と観測を専門とする火山研究者5名、鳥類の研究者1名、環境省職員1名の合計7名からなる調査隊だ。

10月はまだ台風が発生する可能性もあり上陸に適した季節というわけではないが、幸運にも天気に恵まれた。ただ午後遅い時間になるほど波が高くなりがちなので、上陸調査は早朝から行うことになった。

朝6時に火山活動に異常がないことを確認すると慌ただしく準備が進められ、クリーンルームから上陸のための荷物が甲板に運び出された。8時頃からはいよいよゴムボートで複数回に分かれ、海岸線からやや離れた沖合に荷物と人員を送り込む作業が始まった。経験のある2名が先遣隊となりロープを張ることに成功すると、後続の者は次々とロープを辿って泳ぎ始めた。ただ泳ぐだけではない。調査用具や観測機材などの荷物も同時に運搬する必要がある。防水バッグに入ったこれらの荷物を浮きにし、フィンを駆使して進む。波の力は強い。波打ち際ではたびたびやってくる大きな波に荷物を持っていかれそうになり、とくに不慣れなメンバーは泳いでというより転がりながらも何とか海岸に打ち上げられるようにして辿り着き、その後は全員で協力して荷物の陸揚げを行った。事前のトレーニングの甲斐もあって全てのメンバーが荷物とともに無事に西之島に上陸することができたのだ。

上陸してまずはウェットスーツから陸上用の作業着へ着替え、調査準備をしなければならない。限られた時間の中で、各自手際良く準備を進め、そしていざ出発だ。

眼前に広がるのは海岸に迫る荒々しい塊状の溶岩流と、その背後にそびえ立つシンメトリックな火砕丘だ。噴火中、ジェット機により上空から遠目に観察した躍動的な西之島とは異なり、静かで荘厳な姿により私たちを迎えてくれた（口絵２―ａ）。

溶岩流は険しく、その表面は流動中にできたクリンカーと呼ばれる無数のブロック状の溶岩塊に覆われている。鋭利な溶岩塊が緩く積み上がっていて、その上を長く歩き回るのは容易ではなく、海岸付近の調査を行うのが限界だ。

このような岩石の世界に囲まれつつ聞こえてくるのは、波の音と浜を構成するガラス質の溶岩礫の上を調査隊が歩く時に生じる「カシャリ、カシャリ」という乾いた音くらいだ。

それを海鳥たちは静かに見守っており、慌てて逃げ出すことはほとんどない。そして磯の香りと海鳥たちの糞から発せられる魚を起源とする生臭い匂いが嗅覚を刺激する。西之島はいたって静かで、そこには噴火に脅かされたはずであろう海鳥たちが平然と暮らしている。彼らは私たちの調査をじっと見守っていた。

地質班は事前に狙いを定めていた場所の調査を限られた時間の中で行い、西海岸全体にわたり岩石試料を手際良く採取していった。4時間ほどで無事に調査を終えたものの、午後になると波が高くなり、空身で泳ぎ出すのが精一杯の状況だ。岩石試料を含む荷物の大部分を海岸に残したまま一度帰船し、翌日波がおさまった時を見計らい、泳ぎが達者な数名が荷物を回収してようやく調査は完了した。

このまま鎮静化するかに見えた活動だったが、2016年上陸調査の半年後の2017年4月、突如として第2期噴火活動が開始した。再び島中央のスコリア丘で間欠的な爆発が始まり、北麓からは溶岩が流出し西海岸に達した。この噴火により2016年に調査を行った場所のほとんどが新しい溶岩に飲み込まれ、見る影もなくなってしまった。

旧島も一部が溶岩に覆われ、観測班により設置された地震計や空振計も溶岩に埋まってしまった。2016年に上陸していなければ第1期活動による岩石はほとんど手に入れることができなかったことを考えると、この上陸調査は短時間ではあったものの極めて重要な機会だったといえる。

２回目の上陸調査は環境省による総合学術調査として２０１９年９月初旬の３日間に行われた。地質と観測を専門とする火山研究者４名のほか、鳥、昆虫、植物、潮間帯生物を専門とする研究者６名が加わり、いかにも総合的と呼べるような調査隊が結成された。第二開洋丸が母船となり、ゴムボートで接近し最後は泳ぐという前回と同じ手順を踏み、２０１６年と同じ西側から上陸を果たした。

しかし海岸地形は２０１７年噴火により大きく変わり、海岸線は１００ｍ以上沖側に移動していた。上陸地点の風景も以前とはだいぶ異なるものだったが、海鳥たちの様子やそこらじゅうに散らばっている彼らの糞から発せられる臭いは相変わらずで、再びこの場所に戻ってきたのだという懐かしさを感じる。９月といっても西之島はまだ夏の盛りで、岩石質の島の温度は高く、熱中症に気を使い、こまめに給水と休息を取りながら調査は進められた。

地質班は着々と溶岩の形態や内部構造の調査、試料採取を進めたが、前回とは異なり多くの生態系研究者が参加したことにより、島に生息する生物種が次々と明らかにされた。この調査により、２０１７年以降の地形地質の変化が明らかになり、観測点が新たに設置されただけでなく、噴火直後の生態系の理解も大きく進んだのだ。

岩石に残されていた、噴火を読み解くためのヒント

2回の上陸調査の成果のひとつは、西之島の岩石を時系列で網羅的に採取できたことだ。地質班は事前に噴火の時期ごとの衛星画像を用いて、島のどの場所でいつ噴出した溶岩を採取できるかを詳細に調べ地図にまとめていた。上陸調査の際にはその地図を用いることにより、限られた時間の中でさまざまな時期の溶岩を採取することができたのだ。

そしてこのようにして得た試料を分析することで、今回噴出した岩石の種類だけでなく、その化学組成が噴火開始以降少しずつ変わっていることが明らかとなった。

もう少し具体的に述べると、時間とともに安山岩質のマグマがしだいに玄武岩に近い組成に変わっていく（二酸化珪素〈SiO_2〉に乏しくなる）のだ。なぜそのようなことが起きているのだろうか？

岩石全体の組成（全岩化学組成）や鉱物化学組成を分析することにより、マグマの種類やマグマが蓄積されていた圧力、つまり、深さを読み解くことができる。これらの分析の結果として、地下の比較的浅いところ（2㎞程度の深さ）と深いところ（4～8㎞あるいはそれ以深）の少なくとも2ヵ所にマグマ溜まりがあると推定された。

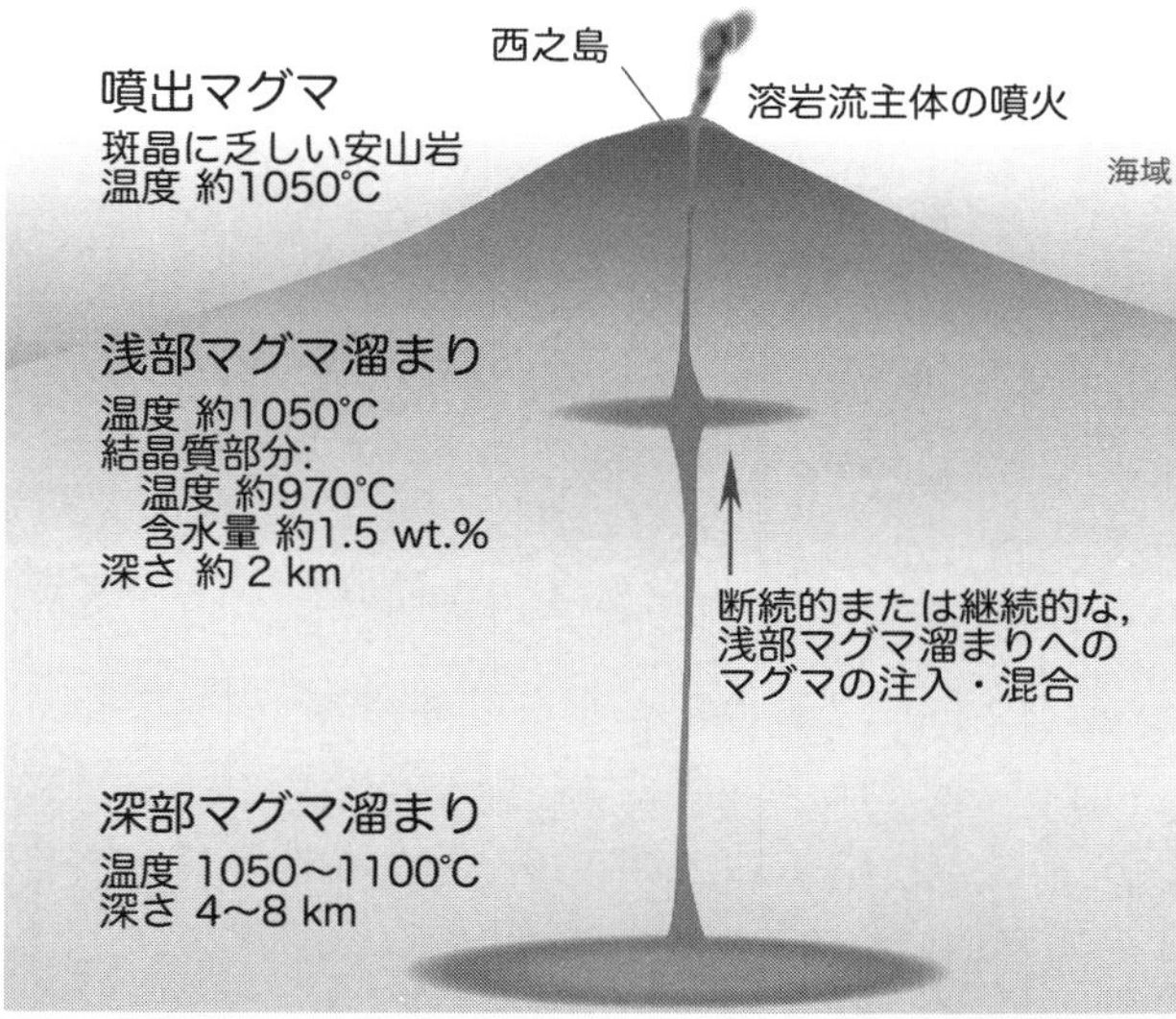

図 2-2 2018 年までの噴出物にもとづく西之島のマグマ供給系のイメージ
Maeno et al.(2021)を参考に作成

そして深いマグマ溜まりはより高温で玄武岩に近い組成を有し、そのマグマが浅い安山岩のマグマ溜まりに注入されることで少しずつ組成が変わっていることが明らかになった（図2―2）。一見、地表の噴火活動には大きな変化が見られないが、地下では深部からマグマが着々と供給され、変化が起きていたのだ。

２０１３年から始まった噴火活動は、第1期の2年（２０１３年11月～２０１５年12月）、第2期の4ヵ月（２０１７年4月～8月）、第3期の約1週間（２０１８年7月）としだいに噴火の期間が短くなり規模も小さくなっていった。

火山噴火には、はじめに大きな規模の噴火を起こした後、徐々に規模を縮小しながら終息に至るという推移を経る場合が多くある。地表で起きている現象を見ているだけであれば、西之島でもそのような活動が起きていて、中期的には活動が終息に向かっているのだろうというストーリーは研究者なら真っ先に思いつく。

しかし地下深部からのマグマ供給が続いていることが岩石鉱物の分析によりわかったことから、今後噴火が再開する可能性や、その場合に岩石の組成がどのように変化するかをいち早く知ることが重要になるだろうという見方もできた。

この後者の視点が的を射ていたことがその後の活動で明らかになる。当初は噴火ごとにマグマの特徴を明らかにすることで手一杯だったが、じつは岩石鉱物には火山活動全体の推移を予測する手がかりが隠されていたのだ。

このように上陸調査は、遠隔観測では決して得ることができない岩石そのものの性質を知るための機会となり、新島の成長を支えているマグマの特徴やその変化について新たな知見をもたらした。生態系研究者にとっては不毛の地に動植物がどのように定着し、拡散していくのかを知るための直接の手がかりを得る貴重な機会となった。

そしてさまざまな分野からみた西之島の現状が把握され、今後の継続的なモニタリングの実現にも期待が高まった。

ところが２０１９年の上陸調査からわずか３ヵ月後、西之島は第４期の噴火活動を開始し、私たちが全く予想もしなかった姿を見せることになる（第８章へ続く）。

COLUMN

コラム1

赤いマグマの飛沫が噴き上がる
——ストロンボリ式噴火とハワイ式噴火

火山噴火の様式は、噴煙高度や爆発性などの表面現象をもとに、その噴火様式が典型的に観測される火山名や観測者名を用いて分類されてきた経緯がある。このような博物学的な分類方法は古くからあり、噴火の特徴を直感的に理解しやすいため、現在でも一般によく用いられている。ただしこの分類はあくまで便宜的なもので、その火山でその噴火様式しか見られないわけではないし、中間的な性質の噴火も存在する点には注意する必要がある。このコラムでは「ストロンボリ式」と「ハワイ式」の噴火の特徴を整理しておこう。

ストロンボリ式噴火

飛び散った花火の火花が放物線を描いて落下する様子を見ているかのように夜空を彩る噴火様式である。数十秒から数時間程度の間隔で爆発を繰り返し、赤熱したマグマの飛沫を断続的に噴き上げる。このようなタイプの噴火を「ストロンボリ式（ストロンボリアン）噴火」と呼ぶ。地中海の灯台と呼ばれるイタリアのストロンボリ火山の典型的な噴火様式で、古くから人々の身近で観察されてきたことに由来する名前だ。断続的な噴火が月単位、年単位で繰り返される。

玄武岩から安山岩質の比較的低粘性のマグマにより発生し、爆発的噴火の中でも強度の弱い噴火に分類される。噴煙高度はふつう数kmよりも低いが、無数のマグマの破片が弾道を描き飛散し、火口近傍に火山砕屑物（スコリア）を堆積する。結果としてスコリアは円錐状に積み上がり、スコリア丘を形成することが多い。西之島で２０１３〜２０１４年頃に島が成長しているときの噴火ではこのストロンボリ式噴火が起き、島の中央に標高１００ｍを超えるスコリア丘が形成された。伊豆の大室山《おおむろやま》や阿蘇の米塚《こめづか》も対称性が高い円錐形状の山体で、このタイプの噴火で形成された。

ハワイ式噴火（割れ目噴火）

マグマが噴泉のように連続的に噴き出すタイプの噴火を「ハワイ式（ハワイアン）噴火」と呼ぶ。しばしば数kmにも及ぶ割れ目を形成して噴火を起こすことがあり、まるで火のカーテンができたようになる。

名前の通りハワイ島のキラウェア火山やマウナロア火山で見られる噴火様式で、最近では２０１８年のキラウェア東麓（East Rift Zone）での割れ目噴火の際にも観察された。低粘性の玄武岩質マグマを噴出するハワイなどのホットスポット火山で典型的に見られる噴火様式だが、アイスランドのような地溝帯（リフト帯）でも同様の特徴が見られる。

アイスランドでは近年、南西部レイキャネス半島での火山活動が活発だが、陸上での噴火の場合、割れ目が形成され、このタイプの噴火になることが多い。ストロンボリ式噴火よりも爆発性は弱く、マグマはあまり破砕されず火山灰の割合も少ない。

危険性は高くないため、間近でマグマが噴き上がる様子を観察できる機会を提供し、しばしば観光資源にもなっている。レイキャネス半島、ファグラダルスフィャル火山の2021~2022年噴火の際には多くの観光客がこの火山を訪れ、溶岩噴泉や溶岩流を至近距離から見学した。このように火山噴火も全てが全て危険なわけではなく、地球の営みを知る貴重な機会となる場合がある。

日本国内でも伊豆大島や三宅島などで割れ目噴火の可能性はあるが、有人島では災害のリスクが生じやすく、昨今、規制も厳しくなりがちであることを考慮すると、これらの火山でアイスランド人と同じような体験をすることは難しそうだ。

第3章

海底火山の爆発的噴火

派手な噴火と短命な島だった
福徳岡ノ場

呑気な火山と短気な火山

日本列島から約８０００㎞離れた、南太平洋トンガ王国のフンガ・トンガ＝フンガ・ハアパイ火山（フンガ火山）で２０２２年1月に大規模な海底噴火が発生し、日本列島にもこの噴火に起因する大気波動や津波が到達した。２０２１年8月の小笠原諸島、福徳岡ノ場での噴火に続く海域火山の大規模な爆発的噴火だったが、どちらの噴火でも陸上の火山噴火には見られない現象が観測され研究者の注目を集めた。また、これらの噴火は海域での噴火でありながら、西之島の噴火とは大きく異なる姿を私たちに見せた。これまで火山島の誕生と成長のプロセスを探る上で西之島が貴重な場所で、遠隔観測や上陸調査を駆使して研究が進んでいることを述べてきたが、この章からしばらく西之島を離れ、さまざまな火山島の誕生のしかたがあることを見ていこう。

まずは「福徳岡ノ場」だ。福徳岡ノ場は西之島より約３００㎞南に位置する伊豆小笠原弧の代表的な海底火山の一つで、北北西60㎞にある硫黄島、南南西５㎞にある南硫黄島とともにこの地域の火山列を構成する。東京からは１３００㎞離れ、この遠い南の火山を訪れるのは容易ではない。しかし火山島のでき方や海底噴火の性質を理解するためには、この火山で何が起きているかを知ることは重要だ。

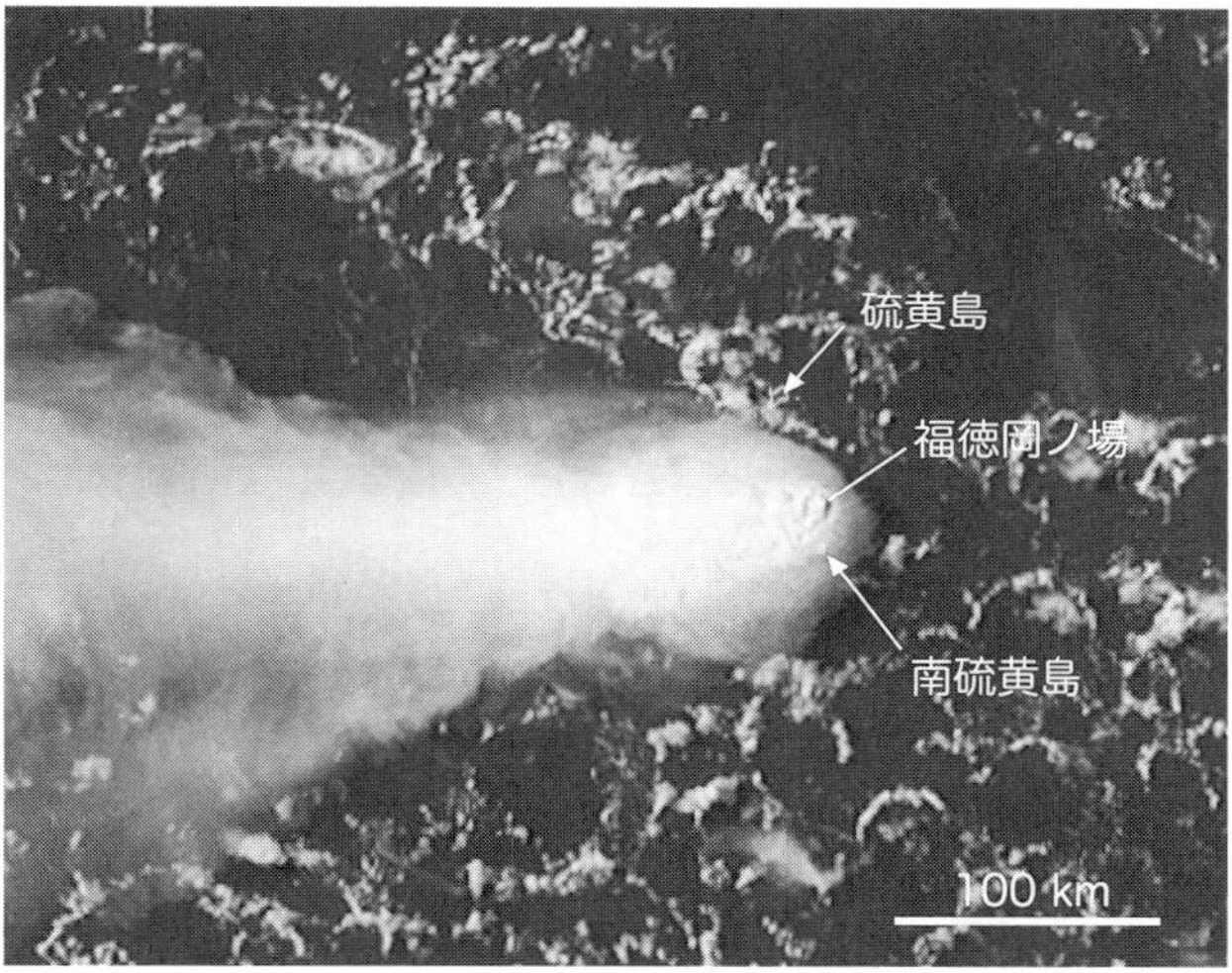

図 3-1 福徳岡ノ場、2021 年噴火の噴煙の拡大の様子
2021 年 8 月 13 日 15 時 00 分のひまわりリアルタイム Web 画像（情報通信研究機構〈NICT〉）

福徳岡ノ場では2021年8月13日に大規模な噴火が発生した。巨大な噴煙が広がる様子が人工衛星から捉えられたほか（図3―1）、海上保安庁や北隣の硫黄島に駐屯する海上自衛隊によってもその激しい噴火の様子が確認された。

噴煙高度は海抜16㎞に達したが、このような大規模な噴煙が形成された噴火は日本国内では久々のことだった。同時に、火口が50～100mの深さにある海底火山だった福徳岡ノ場では一気に陸化が進み、新島を形成するに至った。

そしてこの噴火で発生した大量の軽石は、西方に向かう海流（黒潮反流）により広域に拡散し、琉球諸島を中心として日本列島沿岸に漂着して、漁港等のインフラに影響を及ぼす事態にまで発展した（口絵3―a）。

軽石による災害は噴火以来さまざまなメディアにより報道されたが、火山噴火による漂流軽石の発生は今回が初めてのことではなく、過去の福徳岡ノ場の噴火をはじめ日本列島の海域火山ではたびたび起きている。しかし今回の噴火は規模が大きく、その影響が顕在化したため社会的な注目度が高くなった。

福徳岡ノ場の噴火は2021年8月13日午前6時頃に開始したが、3日も経たずにほぼ終息した。この短い時間に浅海は埋め立てられ、新しい島が誕生し、大量の漂流軽石が発生した。島は東西2つに分かれて形成されたが、これらの島を作り漂流軽石を生じることに費やされたマグマの量は0・1km³以上に達したとみられる。これは西之島が2013年以降の8年間に噴出したマグマの量に匹敵する。単位時間あたりのマグマの噴出量（＝マグマ噴出率）は、福徳岡ノ場の方が圧倒的に大きい。

西之島ではマグマが地表に流出してできた溶岩が主な噴出物だったのに対し、福徳岡ノ場ではマグマが粉々に破砕してできた火砕物（軽石や火山灰などの砕屑物）のみという大きな違いがあった。福徳岡ノ場の噴火では噴煙が16kmもの高度に達したが、その原因としてマグマの噴出率が大きかったことと、噴火が浅海で起こったためマグマと海水との相互作用により大量の水蒸気が発生したこととの両方が挙げられる。

西之島が静かに溶岩を流出し続けて島を作ったのに対し、福徳岡ノ場は噴出物を派手に撒き散らしてあっという間に島を作り上げた。人間で言えばそれぞれ「呑気」と「短気」の性格の違いといったところで、島のでき方にその特徴がよく現れている。福徳岡ノ場はこのように西之島と対象的な噴火を起こしたが、これは今回に限ったことではなく、そもそも福徳岡ノ場という火山はそのような性格を持っているためだ。

軽石を撒き散らし、派手な噴火を起こす理由

福徳岡ノ場では粗面岩（トラカイト）と呼ばれるアルカリ元素（主にカリウムやナトリウム）に富む、日本国内ではやや珍しい種類の岩石が産することが古くから知られていて、２０２１年噴火の軽石も同様の性質のマグマによるものだった。

トラカイトという独特の岩石名はギリシア語で「粗い」の意味を持つtrakhusを語源とし、粗粒な鉱物（平板状の斜長石など）を多く含む粗々しい岩質に由来する。粗粒な鉱物はしばしば集合し、岩石中に大きな黒色の斑点として認められる（図３―２）。この鉱物集合体は「うずら石」と呼ばれることがある。すぐ近くの硫黄島に産するものが有名だが、硫黄島の岩石もまたア

図 3-2 福徳岡ノ場 2021 年噴火の 3 ヵ月後に沖縄に漂着した軽石
軽石に黒い斑点が特徴的に認められる。また、エボシガイが付着している。
沖縄県読谷村長浜にて 2021 年 11 月 21 日、著者撮影

ルカリ元素に富むトラカイトで、福徳岡ノ場と類似の特徴を持つ。

このような岩石に固有の特徴は、海流により遠方まで運ばれた漂流軽石の起源、軽石が生まれた火山や地域を同定する際に役立つ。福徳岡ノ場の噴火で生まれた軽石は日本列島だけでなくタイなど東南アジアまで拡散したが、「うずら石」の特徴をもとにその漂流、漂着のプロセスが推定された。

一般に噴火の爆発性はSiO_2含有量が高いほど大きくなるという相関を示すが、福徳岡ノ場の岩石全体のSiO_2含有量は62〜64重量%、鉱物を除いたガラス部分の組成だけでみると65〜68重量%だ。そのためデイサイトのような爆

発的噴火を起こしやすいタイプのマグマ組成に近い。ただし福徳岡ノ場のマグマはアルカリ元素の含有量が高く、これは粘性を低める効果も持つ。そのため物性としては安山岩に近い。

福徳岡ノ場の噴火ではマグマが良く発泡して、主に軽石や火山灰が生成されたが、とくに軽石の多くは長期間浮力を維持し海面を浮遊することができた。その原因は、軽石が浸透率の低い構造を持っていたためだ。浸透率が低い構造とは、軽石内部の個々の気泡が独立していて水が浸入しにくい空隙構造のことである。

気泡が連結している場合、当初は水よりも密度が小さく水に浮くことができても、すぐに軽石は冷えて内部の水蒸気が凝縮することで外から水が容易に浸入でき、浮力を失い沈むことになる。福徳岡ノ場の噴火では、浸透率が高く短時間で給源付近に沈んでしまった軽石もあるが、多くの軽石は浸透率が低い軽石だったと考えられる。ただし、なぜこのように良く発泡しているのに浸透率が低い軽石になれたのか？　どのような噴火の条件によりこのような軽石が生じるのか？　といった問題は解決されていない。

これに対し西之島のマグマは、そもそも福徳岡ノ場ほど激しい噴火を起こすポテンシャルはなかった。発泡した黒色の火砕物（スコリア）を噴出したが、気泡が繋がり内部に水が容易に浸入できる空隙構造だったため、ほとんどのものがすぐに浮力を失い沈んでしまったようだ。西之島の噴火では漂流スコリアはほとんど生成されなかった。

派手な噴火となった理由として、火口が浅海に存在したことが挙げられる。福徳岡ノ場では、過去にマグマ噴出率が低い噴火でも火砕物を激しく飛散させる現象を起こしている。

噴火が激しくなる原因は、海水（外来水）がマグマと接触・混合した際に瞬時に海水が気化し膨張するためだ。高温に熱した天ぷら油に水を注ぎ込むことと同様で危険な現象となる。このようにして起こる爆発は一般に「マグマ水蒸気爆発」と呼ばれ、海や湖など外来水が豊富な環境で発生しやすい。

爆発に伴い、火砕物を含む黒色噴煙が鶏の尾のようにジェット状に噴き出す現象（コックス・テイル・ジェットと呼ばれる）がしばしば観察される。このようなジェットの射出が間欠的に起こるような噴火様式をスルツェイ式噴火と呼び、マグマ水蒸気爆発の根拠とされる（第5章を参照）。１９８６年の福徳岡ノ場の噴火はこの現象で特徴付けられた。

しかし２０２１年の噴火はすこし様子が異なった。噴火最盛期は8月13日12時から20時頃だったが、とくにこの間にマグマが比較的高い噴出率で持続的に噴出し、マグマと海水との相互作用が継続した（図3―3）。このプロセスは人工衛星だけでなく父島に設置されていた地震・空振観測点でも明瞭に捉えられた。噴煙柱は大きく成長し、時間帯によっては傘型となり（図3―1）、その根元では火砕密度流（火砕流や火砕サージなど。第9章参照）も発生した。結果として厚い堆積物が形成されて島の成長が一気に進んだが、このような持続的で大規模なマグマ水蒸気

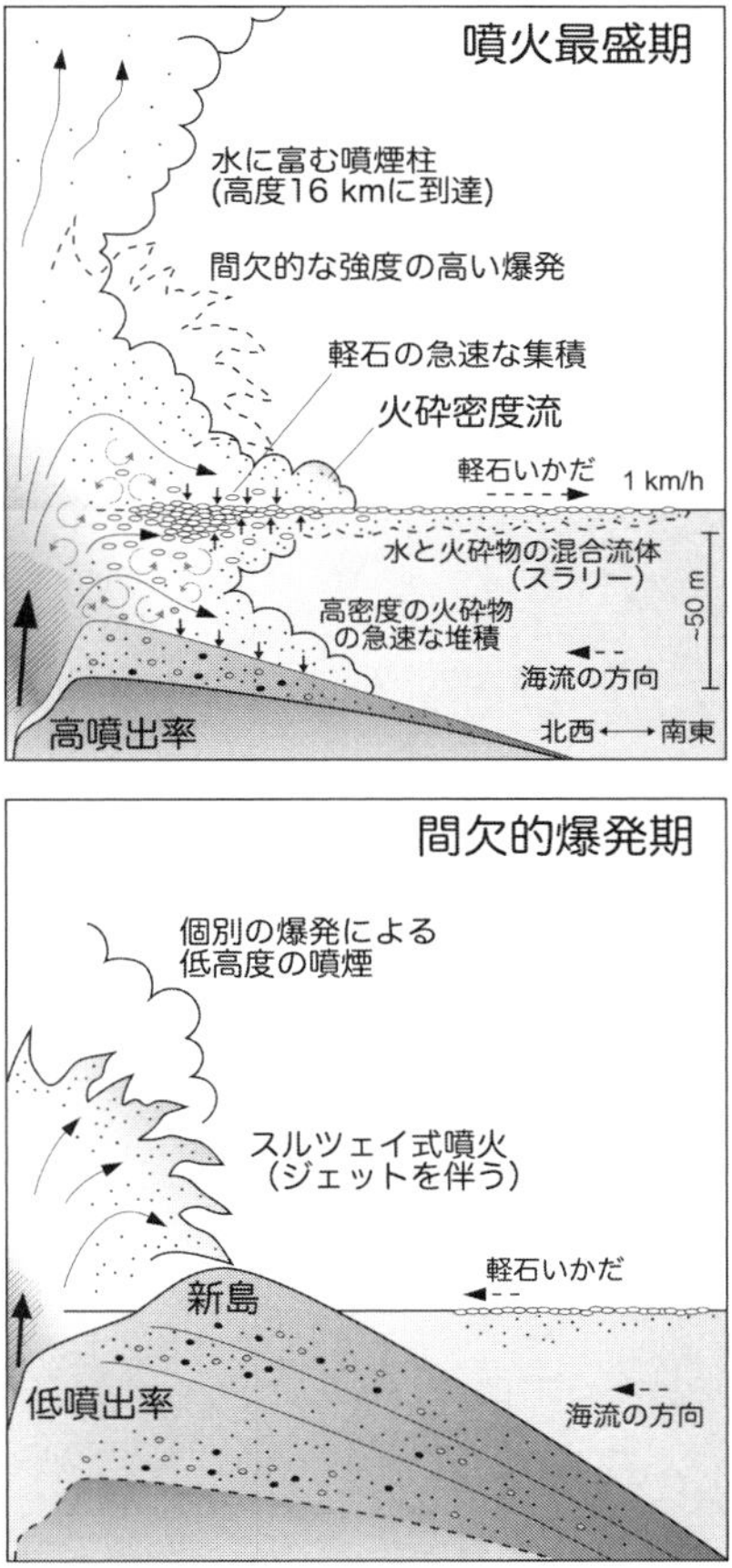

図 3-3 福徳岡ノ場 2021 年噴火で発生した現象
噴火最盛期は高いマグマ噴出率により噴煙柱が大きく成長し、軽石も大量に噴出した。その後、間欠的爆発期には低いマグマ噴出率によりスルツェイ式噴火が繰り返し発生し、島が成長した。
Maeno et al.（2022）をもとに作成

爆発は観測史上例がなく、従来のスルツェイ式噴火の枠に当てはめることは難しい。一方で、噴火の勢いが弱まった噴火期間の後半では、典型的なスルツェイ式噴火も観察された（図3―3）。

このように福徳岡ノ場では火口が浅海に存在し続け、海水が噴火に関与しやすい環境にあるため、マグマの噴出率に応じたさまざまなタイプの派手な噴火を起こすのだ。

福徳岡ノ場が派手な噴火を起こしやすいことと島ができにくいことは密接に関係する。西之島のように島が成長し火口が陸上に存在するようになればマグマ水蒸気爆発は起こりにくくなるが、福徳岡ノ場では島の成長に欠かせない溶岩はめったに流出せず、火砕物ばかりを生み出す。緩く積み上がった火砕物からなる島は波の力に弱い。そのため新島ができたとしても海蝕により短期間のうちに消滅してしまう。

噴火の規模・強度が大きくなると今度は火口を拡大することにエネルギーが費やされ、島は高くならない。このようにして島は成長できないどころかマグマ水蒸気爆発が起こりやすい環境に戻ってしまう。このサイクルにより永続的な島はなかなか形成されないことになる。

２０２１年の噴火で形成された新島は、噴火直後は東西の小島を合わせて０・３４㎢の広さだったが、その後あっという間に海蝕が進み、２０２１年末にはわずかな岩礁となり、ほぼ消滅してしまった。新島をつくっていた堆積物はこの噴火の様式や推移を知るための重要な手がかりであるため、調査が行われるまで残存してくれることを期待した。著者もせめて新島の生の姿を観察することだけでも実現させたかったのだが、残念ながらそれは叶わなかった。

しかし2022年4月に国立科学博物館の研究者らを中心に、この噴火で何が起きたのかを調べるための航海を実施するなど、海底に残された地質痕跡から噴火の様式や推移を明らかにする研究が進められている。著者もこの調査航海に参加させてもらい、ついに現場海域を訪れることができたのだ。

新島は消滅してしまったが、海底から採取された噴出物からは、マグマの蓄積、上昇、噴出物の運搬に至るプロセスについての情報が得られ、噴火の理解が進みつつある。

寺田寅彦も観察していた——駝鳥の羽毛のよう?

短命な島の形成は1986年の噴火をはじめ、福徳岡ノ場の過去の噴火でも起きている。時代を遡ること1914年、1月12日に桜島が大噴火（大正噴火）を起こして大隅半島と陸続きになり、その衝撃もまだ冷めやらぬ頃、小笠原島庁から東京府宛てに「南硫黄島沖の海中から噴火が起き、新島が形成され、なおも噴火中」という電報が届いた。この知らせを受けて大日本帝国海軍は、日露戦争でも活躍した軍艦「高千穂」を現地に派遣し、視察が行われることになったのだが、これに同行したのが物理学者で文学者でもあった寺田寅彦である。

寺田寅彦が訪れたのは同年2月12日だったが、この頃噴火はまだ断続的に発生していたようだ。「噴出は時々思い出したように起こるが、ある時はただ一度爆発的に噴出し、真黒な噴煙の頂上から分離して上昇する白い蒸気は円い積雲の団塊となり、風に従って東に流れて行く事もあり、またある時は十分近くも続いて噴出し、水蒸気は鶏冠か駝鳥の羽毛のように拡がって靡いて行く事もあった」との記述があり、断続的なマグマ水蒸気爆発の発生を想起させるが、寺田寅彦の比喩は「鶏の尾」ではなく、水蒸気の動きに注目した「鶏冠」や「駝鳥《だちょう》の羽毛」だった。

寺田寅彦の推定によると、新島の直径は約1・5km、高さは100m程度まで成長していたようだ。十分立派に成長した火山島で、どのような推移を経て作られたのか興味深いが、この火山島も噴火の翌々年には消滅してしまった。このように一旦は大きく成長できたとしても、浸食や爆発により数年のうちには消滅してしまうというのが福徳岡ノ場における新島の性《さが》なのだ。

福徳岡ノ場は永続的な島の形成が難しい条件の下にあるが、それに対しわずか5kmしか離れていない南硫黄島は海蝕に耐え、生きながらえている。南硫黄島の骨格は溶岩で、これが島の永続性を支えている。

水深が生み出す噴火の多様性とリスク

さて福徳岡ノ場の２０２１年の噴火は、新島形成や漂流軽石に加えてもう一つ、海域火山の興味深い一面を見せた。それは海底噴火であっても噴煙は海を突き抜け、陸上噴火と同様に大気中に軽石や火山灰を撒き散らすことがあるということだ。じつは噴煙が海を突き抜けるためにはどのようなマグマの噴出率や水深の条件が必要かについては近年ようやく研究が進み始めた段階にあり、あまりよくわかっていない。そのため観測事例が重要な手がかりとなる。

福徳岡ノ場の噴火と似た例として、マリアナ諸島の南サリガン海丘で２０１０年に起きた噴火がある。この噴火は水深１８４ｍの火口で起きたが、噴煙が海抜12㎞に達した。２０１２年にはニュージーランドのハブレ火山で７００ｍ以深からの噴火により、海面上に噴煙（ただしほぼ水蒸気からなる）や漂流軽石が生じた。日本国内では、１９８９年の伊豆東方沖、手石海丘の海底噴火で水深１００ｍから噴煙が海面上に突き抜け、海抜１００ｍ以上の高さに達した例がある。

噴火の規模が大きくなれば、ハブレ火山の噴火のように、ある程度深い水深でも海面まで物質が大量に運ばれて噴煙が形成されることもあるようだ。しかし規模が小さかったり水深がさらに深かったりすると、噴煙は水中で凝縮し十分に成長できないか爆発的噴火の発生自体が水圧で抑制され、そもそも噴火が起こりにくくなる。

火山のデータベースをもとに世界の海底噴火の検出方法を調べると、５００ｍを超える深海の噴火では主に軽石などの浮遊物、ハイドロフォン（水中で使用されるマイク）等による観測、潜航調査により噴火が確認される場合が多い。海面上に噴煙等の顕著な表面現象が発生した例は、近代においてはハブレ火山の噴火の他に知られていない。

100〜500mの深度からの噴火で大規模な噴煙が発生した例は、先の南サリガン海丘を含め、わずかしか存在せず、100mより浅い水深で検出される事例が圧倒的に多くなる。このような、海底噴火の深度や規模に対して海面上でどのような現象や噴火様式が現れるかの関係は、多くの海域火山を有する日本では防災面から重要だが、十分に理解が進んでいないのが現状だ。

海域火山の噴火を人の性格で表すなら、西之島のように時間をかけて新島を作る「呑気型」、福徳岡ノ場のように短期間で新島をつくってもすぐに消滅してしまう「短気型」、そしてフンガ火山のように新島を形成するどころか既存の島を消滅させてしまう「激情型」のように分けられそうだ。このように火山や噴火規模によって多様な表面現象や地形変化のタイプが存在する。

マグマ水蒸気爆発の規模が大きくなると、大規模な噴煙だけでなく衝撃波や津波を生じることもある。このような海底噴火に伴う多様な現象は、フンガ火山噴火で顕著に出現したが、同様のリスクは日本近海の海域火山にも存在する。

海外も含めた近年の海域火山の噴火は、海底噴火そのものの性質の理解に加えて、表面現象に起因するハザードとその対策を考える機会を与えている。海域火山の多くはアクセスが困難だが、宇宙、空、海、陸上から、さまざまな方法による調査観測がますます重要になるだろう。

第4章

薩摩鬼界ヶ島沖に出現した新島

人が住む場所近くの海域噴火に目を向ける

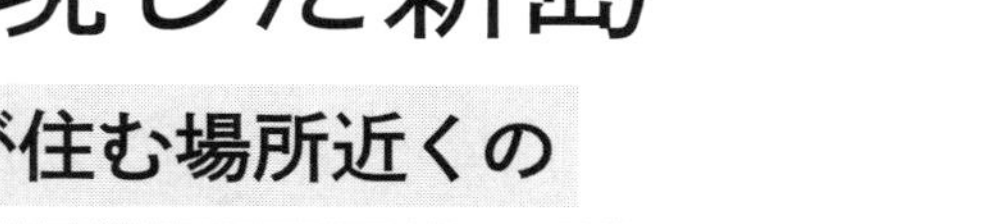

暮らしのすぐ傍らで起きた噴火——平安末期より噴煙を上げ続ける火山

いつも眺めている身近な海で火山噴火がはじまり、目前で島が成長していく様子を想像できるだろうか？

これまで西之島や福徳岡ノ場など、近年の噴火を例に火山島誕生や軽石漂流の話題を取り上げてきたが、いずれも絶海の孤島や海底火山で起きた噴火であるため、身近で同様の現象が発生した場合に何が起こるのか実感を持つことは難しいかもしれない。しかし過去を振り返ると人間社会の傍らで海底噴火が起き、周囲にさまざまな影響を及ぼした事例を見出すことができる。

本章ではそのような例の一つとして、新たな火山島を形成した昭和硫黄島の海底噴火を取り上げる。戦前の激動と混乱の時代の中起きた噴火だが、当時このできごとを克明に記録した人々がいた。その記録と著者自身が行った上陸調査をもとに、この噴火で何が起きたのかを探っていこう。

九州の薩摩半島南方50㎞にある鹿児島県三島村の硫黄島（薩摩硫黄島）。数十万年前という遥か昔より大規模な噴火を繰り返している海底カルデラ「鬼界《きかい》カルデラ」の北側を構成しているのがこの薩摩硫黄島と隣の竹島で、海面上に飛びだし、頂きをなしている（図4―1）。

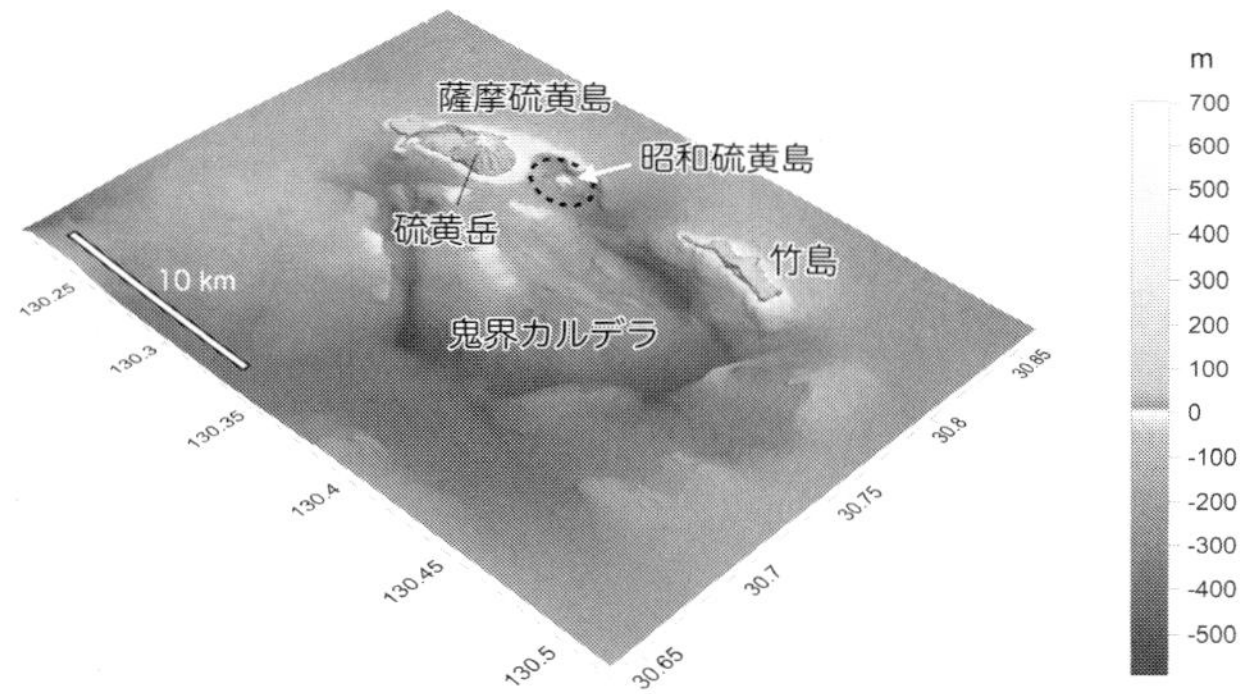

図 4-1 鬼界カルデラの陸上および海底地形図
陸上地形は国土地理院の基盤地図情報、海底地形図は海洋情報研究センターのM7008 ver. 2.3（薩南海域）に基づき作成

ＮＨＫの大河ドラマ「鎌倉殿の13人」の舞台となる時代、平安末期に起こった平家打倒の未遂クーデター、鹿ヶ谷《ししがたに》事件（鹿ヶ谷の陰謀、１１７７年）において首謀者である村上源氏出身の僧、俊寛《しゅんかん》らが流された鬼界ヶ島はこの薩摩硫黄島と考えられている。

俊寛らが配流された当時から「主峰は噴煙をあげ、海は硫黄に染まる」と言われたように、島の東側に聳《そび》える硫黄岳の山頂や山腹では活発な噴気活動が長く継続している。その山容はまるで山全体が焼かれているようだ。麓からは変色水も湧き出し続け、近づき難い様相を呈している。近年は大きな噴火はないが、小規模な水蒸気爆発により火山灰を飛散させることがあり、活動の活発化が懸念されている火山でもある。気象庁による常時観測火山で、２０２４年

3月の時点で噴火警戒レベルは2（火口周辺規制）となっている。

現在は百数十人となった人口だが、かつては硫黄や珪石の採掘が盛んで、最盛期には1400人ほどがこの島に住んでいた。この薩摩硫黄島の傍らに、海底火山の活動の末、突如として新島が出現したのだ。

記録に残る漂流軽石やマグマ水蒸気爆発

1934年9月も半ばに差し掛かる頃、薩摩硫黄島付近で有感地震が多発し、島民は眠れぬ日々を過ごしていた。地震は鳴動を伴い、島内では崖崩れが発生するなどの被害も出たが、震源が硫黄島付近であること以外に情報はなく、原因がわからぬまま時が過ぎていった。

9月14日から17日にかけて地震活動が非常に激しくなったことから、18日午前2時には600名あまりの島民が複数の救助船に分乗し、翌朝まで一時的に島外に避難する事態にまで発展した。19日の鹿児島朝日新聞（現在の南日本新聞）には「硫黄島住民全部引揚願出　縣も處置に迷ふ」とあり、行政も困惑していた様子が読み取れる。

当初は薩摩硫黄島の東側に聳え立ち常時活発に噴煙を上げている硫黄岳の噴火が懸念された。しかし硫黄島東方で海水の沸騰や懸濁、そして大量の軽石が浮遊している様子が確認されたことから、海底噴火が起きているらしいことがしだいに明らかになった。

９月20日には海上から激しく白煙が上がっているとの報が伝えられると、一部の島民は津波を恐れて強い風雨にもかかわらず西側の台地上に避難し、夜を徹して状況を見守った。ちなみにこの風雨は翌21日に京阪神地方を中心に死者行方不明者約３０００人の大災害を引き起こした室戸台風によるもので、奇しくもこの時、火山噴火と台風が重なったのだ。

９月23日の鹿児島朝日新聞は「黒煙天に岩石を噴き　海中に火柱が立つ」、「海底噴火のため硫黄島は危険を免る　物凄い附近の光景」といった見出しで噴火の様子を伝えた。９月18日以降、大量の軽石の流出と同期するように有感地震の数は急速に減少していった。また、硫黄岳から離れた場所での海底噴火だったことから、「但し　硫黄島は人心安定」という記述も見られ、島民はしだいに平静を取り戻していったようだ。

10月になると噴火地点での噴煙の発生や軽石の浮遊がより顕著になり、薩摩硫黄島の東岸や主要港の長浜港に大量の軽石が押し寄せ、島民は船を出すこともままならなくなった。降灰や火山ガスにより農作物は枯れ、生活に大きな支障をきたすようにもなっていた。

このような噴火活動が継続した後の１９３４年12月初旬、硫黄島東方２㎞の場所でついに新島が出現した。その後、断続的な噴火により新島は拡大と縮小を繰り返しながら成長したものの、12月末には爆発により一旦消滅してしまう。

しかし、年が明けた1935年1月中旬からの活動により、大量の溶岩が流出して新島は一気に成長し、永続的な島の誕生に至ったのだ。溶岩流出は3月まで続いたが、4月には沈静化が確認され、約半年間の活動が終了した。

この噴火は水深約300mから始まり、最終的に新島は東西530m、南北270m、高さ55mの大きさにまで成長した。

噴火の経緯や新島形成に関する記録は、当時現地に長く滞在した田中館秀三《たなかだてひでぞう》（東北帝国大学、日本物理学の祖・田中館愛橘《あいきつ》の養子）によるところが大きい。田中館は噴火の推移だけでなく現象を詳細に記載し、多くの貴重なデータを残した。

例えば新島出現前の表面現象について「鳴動は雷音を以つて終れば約五秒の間隙をへだて黒煙射るが如く突如として火口上に出現し、次に花キャベツの如く広がりて白煙と交はり、風に従い傾き去る、……煙柱を見るに、黒煙噴出時に相当する部分は特に竹の節の如く太くなれり。」のように独特の比喩を使い表現した。

田中館による記載とよく似た表現は、1986年の福徳岡ノ場の噴火の観察記録に見ることができる。「まず黒い水柱が噴き上がる。黒い水柱の噴出が衰え水面に落下すると、大量に発生した水蒸気が白煙となって水柱に取って変わる。」これは東京工業大学の小坂丈予《おさかじょうよ》教授が福徳岡ノ場での爆発現象を観察した際の記述である。

前章でマグマ水蒸気爆発に伴うコックス・テイル・ジェットについて述べたが、これら二人の記載はまさに浅海でのマグマ水蒸気爆発により、黒色のジェットを伴い激しく飛散する噴出物や水蒸気に富む白色噴煙が発達する様子を記述したものと解釈できる。昭和硫黄島では福徳岡ノ場と同様のマグマ水蒸気爆発が発生していたのだ。

海底噴火期には大量の漂流軽石が発生したが、軽石の大きさは最大で小型船サイズ（30×6×4ｍ）に達し、灼熱した軽石内部に海水が浸入すると水蒸気が急激に発生し、熱水を噴き上げたようだ。長浜港に打ち上げられた軽石の中には最大7ｍに達するものも含まれていた。

軽石がしだいに冷やされて水蒸気の放出がなくなると海中に沈んだとの記載があることから、周辺の海底には大量の軽石が沈積したと考えられている。1980年代に行われた海底調査では、昭和硫黄島噴火によるものと思われる巨大軽石群が実際に海底を覆っている様子が確認されている。漂流軽石がどの程度遠方まで拡散したかははっきりしないが、周辺の黒島、種子島、屋久島、口永良部島《くちのえらぶじま》だけでなく、大隅海峡を越えて宮崎県都井岬から高知県は室戸岬方面にまで及んだようだ。

漂流軽石の体積については不確かな部分も多いが、地形変化や地盤変動をもとにすると、この噴火のマグマ噴出量は0・37㎦に達したと推定されている。これは昭和期以降で最大規模の噴火で、1990年代の雲仙普賢岳、近年の西之島や福徳岡ノ場噴火の噴出量をも超える。

このように昭和硫黄島は、新火山島の誕生、漂流軽石の発生、マグマ水蒸気爆発など海域噴火に特有のさまざまな現象を伴った。まさに西之島や福徳岡ノ場の噴火の特徴を併せ持ったような活動により形成されたのだ。

昭和硫黄島、現在の姿――軽石生産工場!?

昭和硫黄島は、両隣の薩摩硫黄島、竹島とともに鬼界カルデラの一部を構成している。鬼界カルデラは7300年前の超巨大噴火「鬼界アカホヤ噴火」によりその概形が作られ、現在の薩摩硫黄島の硫黄岳や昭和硫黄島は、この超巨大噴火の後に成長した新しい火山だ。しかし鬼界カルデラの大部分は水没し、噴火履歴については未解明の部分も多い。

著者は大学院生の頃、この鬼界カルデラの噴火履歴を明らかにする研究を進めていたが、その過程で昭和硫黄島の存在を知り、この島がどのようにして作られたかに興味を持ち、上陸調査を行ったという経緯がある。

薩摩硫黄島と竹島は、九州本土と定期船「フェリーみしま」により結ばれている。鹿児島港を出港したフェリーは錦江湾《きんこうわん》を経て約3時間かけて竹島に、さらに30分かけて硫黄島に到着する。昭和硫黄島はこの定期船の航路の近くにあるため、船から現在の島の様子を窺い知ることができるが、そのひっそりとした佇まいから当時の激しい噴火を想像することは難しい。しかし遠方からでも注意深く観察すると、表面がやや白っぽく非常に凹凸に富んだ特異な外観の島であることがわかる。

西之島のように遠く離れた孤島ではなく上陸ルールがあるわけでもないが、訪れるには傭船《ようせん》する必要があり、アクセスするにはそれなりの労力を要する。島は切り立った溶岩ばかりで浜はほとんどない。そのため上陸は海況が良いときに瀬渡しで行う（口絵４―a）。

西之島の調査では噴火活動の狭間期を狙って泳いで上陸したが（第２章）、昭和硫黄島への上陸や離島の際にも、西之島ほどではないものの波や風の状態を気にしながら行動する慎重さが必要とされた。

地元の漁師にお願いし、朝、漁船で島に送ってもらい夕方迎えに来てもらうという方法で何度か訪れたが、瀬渡しができる場所は限られている。どの方向からどのタイミングで船をつけるかの判断には漁師の長年の経験がものをいう。

潮を被った溶岩は滑りやすい。波で揺動する舳《へさき》から荷物を携えて岩場へ飛び移る際には気を抜けない。舳と岩場の接近のタイミングを読み違えて立ち往生したり、着時後にズルッと滑ったり、冷や汗をかいたことも多々あり……。帰りは重量のある岩石試料を担いでいるのでなおさらのことだ。

図 4-2 昭和硫黄島の近景
背後に見えているのは、薩摩硫黄島硫黄岳。
2002 年上陸時に漁船より著者撮影

昭和硫黄島の基盤は塊状緻密な溶岩だが、表層は軽石質で良く発泡した巨大な岩塊が集積したような構造になっている。遠目からは白っぽく凹凸に富んだ特徴として見えるのはそのためだ（図4―2）。

面積は0・1㎢程度なので一日あれば十分歩いて回れる程度の広さだが、人の背丈を超える大きさの軽石塊が屹立《きつりつ》し、所々に深いクレバスも存在する。そのため慎重にルートを見極めながら移動する必要がある。夏には強い日差しを受けて灼熱の環境となるが、せり上がった溶岩の陰だけは涼しく、唯一休息を取れる場所となる。

空から見ると中央2ヵ所に火口の跡を示す凹みがあり、それを取り巻くように多くの皺が発達している。溶岩皺《ようがんじわ》と呼ばれるこの構造は、流動中の溶岩の物性や力のかかり方を反映してできたもので、その波長や振幅から溶岩の流れ方を推定できる。この皺の解析により、火口から湧き出すように流出した溶岩は西側と東側に指向性を持って少しずつ広がり、島を成長させたことが明らかとなった。

表層を構成する軽石塊は、流動する溶岩が発泡しつつ冷却固化する過程で、引張や圧縮の力により大小さまざまに破砕し形成されたものだ。このように昭和硫黄島の表層は軽石が次々と生産される工場のようになっていて、山体を成長させる過程で大量の軽石が海に撒き散らされたのだ。

島のさまざまな場所から採取した岩石の化学組成を分析したところ、火口付近は流紋岩（SiO_2含有量約72重量%）であるのに対し、周縁部ほどSiO_2に乏しいデイサイト（SiO_2含有量約68重量%）になるという、同心状の組成構造を示すことがわかった。このような特徴は、噴火前のマグマ溜まりの化学組成の不均質を反映し、はじめにデイサイトが噴出し、しだいに流紋岩へとマグマ組成が変わっていったことを示している。

一見、一枚の単純な溶岩に見える小さな島だが、上陸調査により、噴火当時の観察記録だけではわからなかった表層構造やそこから推定される溶岩の動き、マグマ組成が時間変化していたことなど、噴火推移やマグマの上昇過程の詳細がはじめて明らかになった。しかし島の体積は山体全体のわずか3%に過ぎない。海中の山体がどのような特徴を持ち、どのように形成されたかは謎のままだ。

火山島の誕生と成長のプロセスが刻まれた昭和硫黄島だが、90年の間に海蝕が進み、現在は東西450m、南北240mの大きさにまで縮小し、当時の情報が少しずつ失われつつある。そして険しい岩石質の島ではあるものの、風を受けにくい内陸の窪地にはわずかながら植生があり、過酷な環境の中で懸命に根付こうとしている。

このように島はゆっくりと変化している。

噴火が語る現代へのメッセージ

昭和硫黄島の新島形成噴火は、海域火山噴火に伴う現象や災害を理解する上での貴重な事例だ。観測網がなかった当時、活発な地震があった時点で噴火が起こるとすれば硫黄岳だろうと考えるのは自然で、一見火山のないところ、しかも海の中に新しく山体が成長し、新島が誕生したことに人々は驚愕したに違いない。

学術的観点からは、この噴火は鬼界カルデラの火山活動によるもので、この地域全体に海底噴火のリスクがある中で起きた噴火ということができるが、当時このような知見が十分にあったわけではなく、ましてや気象庁の警報システムが存在したわけでもない。

そのような中、船での避難や津波を危惧して高台に避難するなどの行動が迅速かつ柔軟に行われていた点は、現代の防災への示唆になるようにも思える。

漂流軽石の発生はマグマの性質や噴火の規模・様式に依存し、海底噴火で必ずしも起こるわけではない。しかし海に囲まれた日本列島では大規模噴火がさまざまなかたちで漂流軽石を発生させるリスクを生じることは認識しておくべきだろう。

昭和硫黄島の噴火のように居住地域のすぐ近くで海底噴火が起これば、特大の軽石が大量に押し寄せてくるかもしれない。２０２１年の福徳岡ノ場の噴火により南西諸島に漂着したような比較的細粒の軽石とは異なる事象を想定する必要があるだろう。

過去に遡ると、日本列島では昭和硫黄島の噴火に匹敵するかそれ以上の規模の海底噴火の記録や痕跡を見出すことができる。その中には新島の誕生と消滅、漂流軽石の発生、マグマ水蒸気爆発、津波のようなダイナミックな表面現象を伴ったと考えられる事例もあるが、実態がよくわかっていないものが多い。

１９２４年には琉球諸島の西表島北北東海底火山で大規模な噴火が起こり、大量の軽石が黒潮や親潮に乗り、日本列島全域に拡散した。船舶を含む港湾・海岸インフラに甚大な影響があったと推測されるが、どのような噴火だったのか詳細は現在でも未解明である。

近年発生している海域噴火で起きた現象とそのメカニズムの理解を進めることはもちろん重要

だが、過去の事例にも目を向け、発生した現象や推移を詳しく明らかにすることも海域火山研究の大きな課題だ。

第5章

何が火山噴火の様式を決めているのか

西之島、福徳岡ノ場、昭和硫黄島の噴火活動に見られるように、火山噴火では爆発的に噴出物が飛散したり溶岩が流れ出したりとさまざまな現象が起こる。同じ火山でも、噴火ごとに現象が異なったり、一回の噴火の中で次々と異なる現象が出現したりする場合もある。これは海域、陸域を問わずどの火山でも見られる噴火現象の一般的性質だ。このように火山の噴火は一見、多様で複雑だが、爆発のしかたなど、特徴的な現象に着目して整理、分類されてきた。

第1章～第4章の中でスルツェイ式噴火やストロンボリ式噴火などの名称が登場したが、これはそれぞれの噴火のしかたを現象をもとに分類した際の便宜上の名称といえる。ただし、なぜそのような噴火様式になるかがより重要だが、それについては何も情報を与えていない。この章では噴火様式の分類の指標や噴火様式を決める要因を整理しておこう。

ガスをうまく逃がせるかどうか

火山の噴火様式は火山ごと噴火ごとにさまざまだが、大別すると火山灰や軽石などの火山砕屑物（火砕物）を生じる爆発的噴火と、溶岩流や溶岩ドームを生じる非爆発的（溢流《いつりゅう》的）噴火に分類することができる。

地殻浅部に蓄えられているマグマには、もともと数%程度の揮発性成分（主に水、二酸化炭素、二酸化硫黄、硫化水素）が溶解度に従って溶け込んでいる。マグマが上昇し圧力が低下すると、溶け込めなくなった揮発性成分は気相（ガス）として析出し発泡する。

爆発的噴火では上昇してきたマグマが激しく発泡し、マグマは粉々に砕け、火砕物が生産される。火砕物はガスとともに火口上に勢いよく噴き出し、噴煙が形成される。

一方、非爆発的噴火ではマグマは砕けずに火口から溶融状態で噴出し、溶岩となって流れ出たり火口上に溶岩ドームを形成したりする。もともとマグマ中に溶け込んでいる揮発性成分量が少ない場合や、マグマの上昇中に揮発性成分が分離して、火道から母岩（側方）や上方へ抜け出てしまう場合に起こる。後者の現象は「脱ガス」と呼ばれる。

この爆発的噴火と非爆発的噴火の違いは、しばしばコーラやビールのような炭酸飲料を使って説明される。多くの炭酸飲料では揮発性成分として二酸化炭素を高い圧力のもとで過飽和になるまで溶け込ませてある。炭酸飲料をよく振って栓を一気に抜くと、泡立った二酸化炭素と液体の混合物が一気に噴き出し（もしそれが宴会の席であればあわや大惨事）、といった経験を、誰しもが一度はしたことがあるのではないだろうか。

容器を振ったことにより気体として析出した二酸化炭素によって容器内の圧力が増加し、さらにそれが大気圧まで一気に解放されて発泡、膨張するためだ。シャンパンの場合、栓を外した瞬間に栓は吹っ飛び、やはり中身が噴き出すが、ビールの場合よりも勢いが良い。これはシャンパ

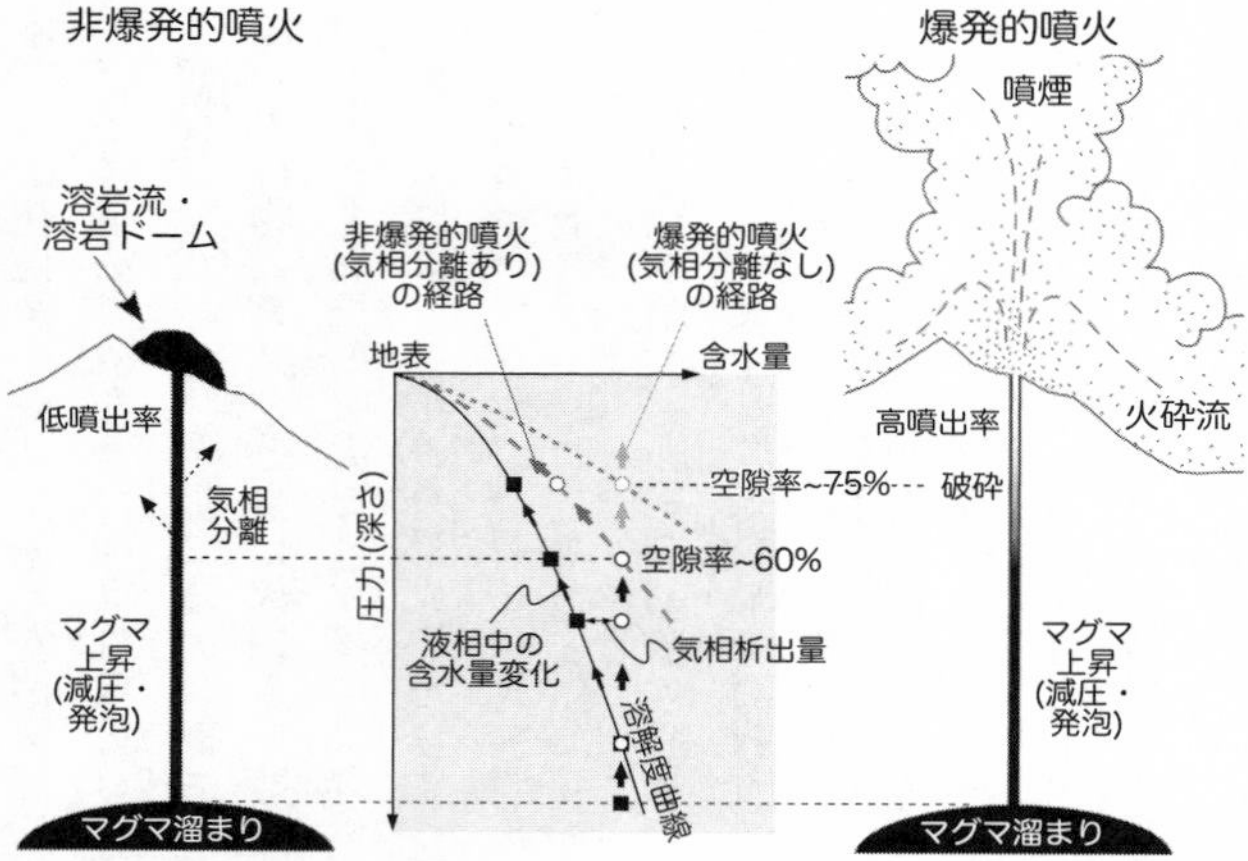

図 5-1 マグマ上昇時の液相中の含水量と気相割合の変化
液相に溶け込める水の量は溶解度曲線により決まっている。溶け込めない水は析出し気相となる。上昇途中で気相が系外へと分離すると、爆発の駆動力を失い非爆発的噴火になる。気相が分離せずに増加し続けるとマグマは破砕し爆発的噴火になる。

ンの方が溶け込ませてある二酸化炭素の量が多く、気泡内部の圧力も高くなっているためだ。静的な状態から大気圧まで減圧した時の気泡の成長率は、シャンパンの方がおよそ4倍大きくなるという見積もりがある。各気泡の体積増加率に換算すると64倍にもなる。液体に二酸化炭素をいかに溶け込ませ、気泡内の過剰圧（＝気泡内部の圧力－周囲環境の圧力）を高くしておくかによって噴出の勢い（爆発性）が変わってくる。

ビールにしろシャンパンにしろ、逆に栓をゆっくり抜くと、わずかに空いた栓の隙間から二酸化炭素が少しずつ漏れ出し（脱ガスし）、容器内の圧力が全体としてゆっくりと低下するため、中身は噴き出すことなく安心して味わうことができるだろう。

このように液相からの揮発性成分の系外への分離のしかたは、揮発性成分の含有量（どの程度飽和しているか）、液相の物性（粘性や界面張力）、気泡内の過剰圧、減圧率などのパラメータに依存し、結果としてさまざまな噴出様式を示すことになる。火山噴火様式の多様性も同様のパラメータが深く関わっている（図５―１）。

粘性が低いからといって安心できない

ハワイ式やストロンボリ式など爆発性が弱い、あるいは溶岩を流出するような噴火様式は、玄武岩に代表される低粘性のマグマで起こりやすい。それはマグマからの揮発性成分（気相）の分離が起こりやすく、マグマ中に過剰圧を溜めにくいためだ。教科書にはふつうそのように書かれている。しかしマグマの結晶化が進むなどして粘性が増加した場合には、玄武岩質マグマであっても気相分離（脱ガス）が進まず、マグマ中に過剰圧を蓄積したまま浅い場所までやって来ることがある。そのような場合には爆発的噴火となる。必ずしも教科書どおりに「玄武岩質のマグマ＝穏やかな噴火を起こす」とはならない点には注意が必要だ。

流紋岩やデイサイトなど高粘性のマグマでは、そもそも揮発性成分の移動や分離が起こりにくく過剰圧が蓄積されやすいため、プリニー式噴火（コラム2参照）のような爆発的噴火になりやすい。ただしマグマの上昇の途中で揮発性成分が効率よく抜け出し、過剰圧が解消されると爆発は抑制され、溶岩ドームを形成する噴火（溶岩ドーム噴火）になる。

爆発的噴火と非爆発的噴火は火山ごとあるいは噴火ごとに別個に起こるわけではなく、上昇中のマグマの物性や組成（揮発性成分量、結晶量など）によっては両方の様式が一回の噴火の中で遷《うつ》り変わる場合もある。噴火様式の違いや変化を理解する上で重要な物理パラメータは、マグマの噴出率（上昇速度、減圧率）、粘性、揮発性成分量で、粘性は結晶量や揮発性成分量のわずかな違いでも大きく変化することが知られている。

マグマの上昇過程におけるこれらの物理パラメータの競合は、マグマの流動と気相分離の様式に大きな影響を与え、多様な噴火様式を生み出す要因の一つになっている。

無視できない外来水の影響

これまでの視点とは異なり、外来水の関与のしかたにもとづく火山噴火の分類方法がある。外来水とは地下水や海水など、もともとはマグマに含まれていない水のことだ。この分類方法では、火山噴火は主にマグマが噴出する「マグマ噴火」と、停滞したマグマから熱だけが供給されて外来水が突沸して起こる「水蒸気爆発（水蒸気噴火）」とに大別される。水蒸気爆発には帯水層など地下浅部に存在する水が関与する。

マグマ噴火と水蒸気爆発の中間的な噴火は全て「マグマ水蒸気爆発（マグマ水蒸気噴火）」と呼ばれるが、外来水の種類は陸域火山なら地下水（帯水層や熱水系に由来）や湖水、海域なら海水になる。

マグマと外来水が直接接触すると、マグマの熱エネルギーは水の急激な気化・膨張というかたちで力学的エネルギーに変換される。爆発によりマグマだけでなく母岩（基盤岩）をつくっていた岩石が細かく破砕され、細粒化した火砕物（火山灰）が大量に生産される。火山噴火の様式や爆発性はこのようにマグマ自身の性質だけでなく、周囲環境、とくに海水や湖水など外来水の影響を強く受けることが重要な点だ。

浅い水域で最も爆発的になる

外来水の割合が少ない場合は焼け石に水で、その噴火への寄与は小さく、噴火様式や爆発性はほとんど変わらない。しかし外来水の割合が多くなると無視できなくなる（図５―２ａ）。海底噴火では周囲の媒体が外来水（海水）であるため、その影響はとくに大きくなる。

マグマの熱エネルギーの力学的エネルギーへの変換効率が最も大きくなる水の割合は実験的に

調べられていて、マグマに対する水の割合にしておよそ0・1～0・3とされている。

外来水は噴煙高度に対しても大きな影響を及ぼす。陸上噴火ではマグマの噴出率が大きくなりすぎると噴煙が崩壊してしまうが、同じ噴出率でも10％程度の割合で外来水が混合した場合、外来水は浮力の増加に寄与し、噴煙は大きく成長できるようになる。しかし外来水の割合が大きくなると噴煙は重く湿ったものとなり崩壊してしまう（図5―2b）。

このように外来水の関与により噴火が爆発的になったり噴煙が成長しやすくなったりする条件は浅海や湖で達成されやすい。

1952年9月24日、伊豆諸島の明神礁付近で海上保安庁の測量船「第五海洋丸」が海底噴火に巻き込まれ、乗組員31名全員が犠牲となる事故が起きたが、その原因は、マグマ水蒸気爆発の直撃を受け、船体が大きく破壊されたためと考えられている。マグマ水蒸気爆発は浅海での噴火のハザードとして最も注意するべき現象の一つだ。

外来水が適度に関与した噴火は爆発的になり周囲に大きな影響を及ぼすが、逆に水の割合が多すぎると冷却による効果が支配的になり爆発は抑制される。深海ではそもそも高い水圧のためにマグマの発泡や破砕が十分に進む前に海底での噴出に至り、爆発的噴火はふつう起こりにくい。ただし水深400～500m程度までの深さで、揮発性成分量が多いなどマグマの発泡による駆動力が大きければ、爆発的噴火となり海面上に噴煙が突き抜けることがある。

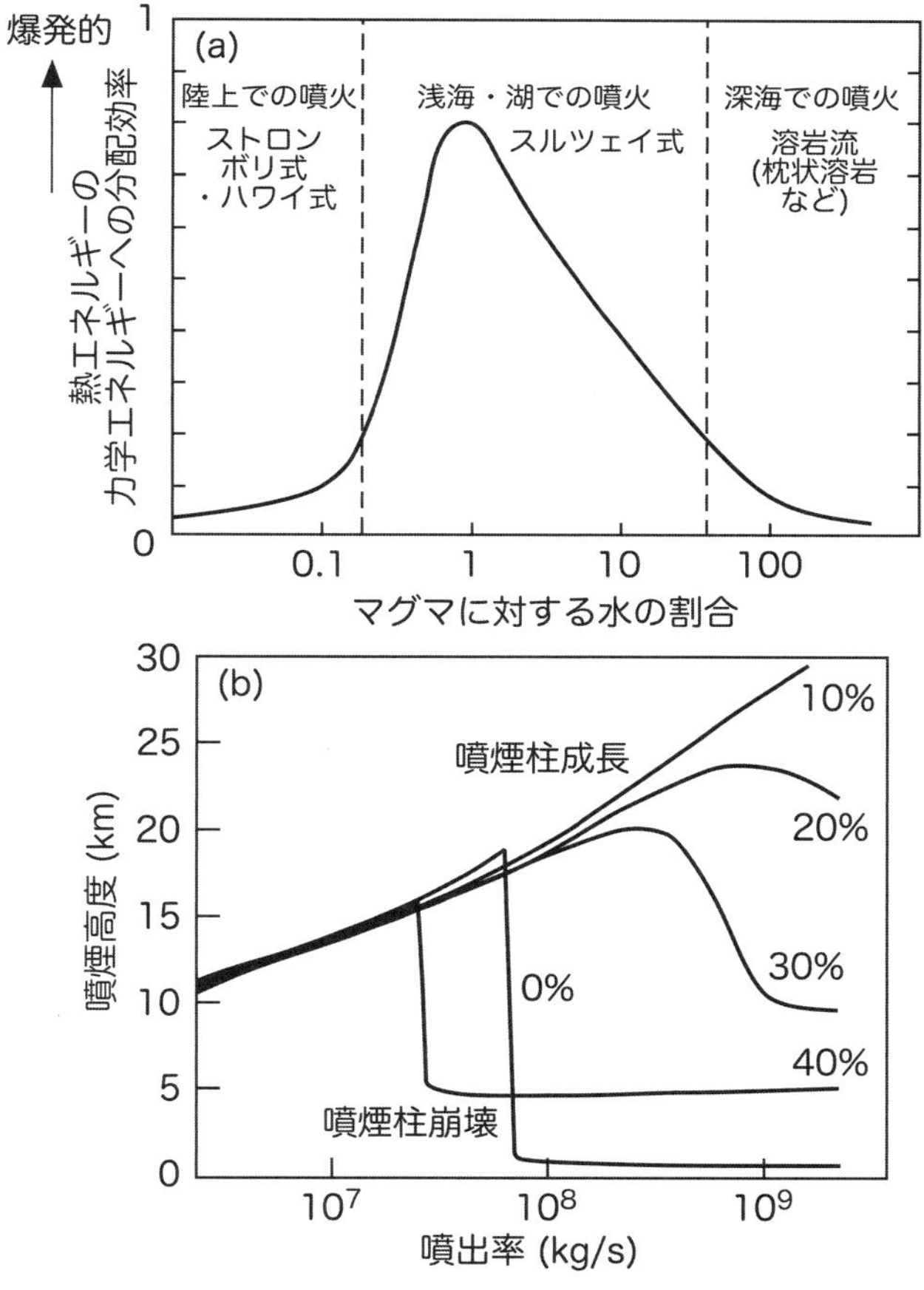

図 5-2 玄武岩質マグマ噴火に対する外来水の影響（a）とマグマの噴出率―噴煙高度の関係に対する外来水（質量%）の影響（b）
（a）Sheridan and Wohletz, 1983 にもとづく （b）Koyaguchi and Woods, 1996 にもとづく

スルツェイ式噴火

第3章でも述べたが、マグマ水蒸気爆発に伴い、火砕物と水との混合物をジェットとして噴出する噴火様式を「スルツェイ式」噴火と呼ぶ。ジェットはしばしば勢いよく噴き上がるような鶏の尾の形状に似ることからコックス・テイル・ジェットと呼ばれ、この噴火様式を特徴付ける。ただしこのような爆発に伴う現象を鶏の尾で代表することにはさまざまな意見があるかもしれない。第3章、第4章で見てきたように、観察者の着眼点や表現力により変わってきそうだ。

スルツェイ式噴火ではベースサージと呼ばれる、水面を水平方向に高速で拡散する希薄な流れが発生することがある。このタイプの噴火に伴う危険な表面現象だ。マグマと水との相互作用により、マグマは細かく粉砕されて細粒火山灰の割合が多くなったり、発生した大量の水蒸気により噴煙が高く成長したりするという特徴もある。

このような噴火では湿り気も大きいため、火山灰は凝集して降下しやすくなり、噴出源に近い場所にも大量の砕屑物を堆積する。その結果、火口周囲には軽石や火山灰ばかりからなる堆積物(tuff)により「タフ・コーン(tuff cone)」や「タフ・リング(tuff ring)」と呼ばれる小高い地形がつくられる。2021年の福徳岡ノ場の噴火で生まれた新島も、同様のプロセスにより作られたものだ。

スルツェイはアイスランド南部ヴェストマン諸島にある火山島の名前だ。１９６３〜１９６７年に海底での噴火活動を経て新しい島を形成した、まさに西之島のような火山島である。この噴火活動の最中にマグマと海水との相互作用により爆発する様子が初めて詳細に観察されたが、陸上噴火の分類に当てはめることができなかった。そのため島の名前とともに新しく「スルツェイ式」の噴火様式名が提案されたのだ。

スルツェイの語源は北欧神話に登場する炎の巨人「スルト（Surtr）」である。アイスランド人にとっては火山噴火を象徴するような名前が付けられたことになる。火山噴火は古代の人々にとって神聖な現象で、世界中のさまざまな地域でしばしば擬神化されたかたちで記録が残されてきたが、アイスランドでも同様に火山噴火と神話との間には密接な関係がある。

このスルツェイ島の形成とその後の長期的な島の変化は、原初生態系の形成・進化のモニタリングや保護の観点で、西之島の将来像を考える際に参考になる。スルツェイ島では１９６５年に上陸を規制し、アイスランド政府による厳格な法規制が敷かれた一方で、さまざまな分野の科学者によるモニタリングが継続している。２００８年には世界遺産（自然遺産）に登録され、噴火から60年経った現在でもその科学的価値が損なわれていない。

航空産業界も気が気でない

アイスランドの火山では割れ目を作って溶岩を流出するような比較的穏やかな噴火（ハワイ式噴火）が起きやすいが、割れ目が海や氷河の中に形成された場合は爆発的な噴火となる。2010年4月には首都レイキャビクから南東約120㎞にある内陸のエイヤフィヤトラヨークトル火山で噴火が起きたが、氷河の下にマグマが噴出したため、その熱によって氷河が融解し、さらに解け出した水とマグマが反応することで爆発的噴火が発生した。結果として、よく破砕された火山灰が大量に生産され、高度約9㎞に達する噴煙が持続した。

火山灰は欧州の広域に拡散することが予測されたため、火山灰が航空機のエンジンに影響を及ぼすことを懸念した航空会社は多くの便をキャンセルにした。噴火活動が活発だった2010年4月16日から21日の6日間に欧州全体で9万5000便がキャンセルとなったが、実際には火山灰（とくに大気中濃度）が航空機のジェットエンジンに及ぼす影響や火山灰の大気中での拡散予測の精度に不確実な部分も多かったため、安全サイドに立った判断がなされたのだ。

このアイスランドでの噴火は、航空産業界に対しジェットエンジンに火山灰が混入した際にどの程度のダメージがあるのかを実験に基づき定量的に明らかにし、しっかりとした安全基準を構築することや、噴火時の火山灰の拡散や濃度の予測手法の高度化の流れを作り出すきっかけとなった。まさに航空産業を中心に関係業界を本気にさせた噴火だったといえる。

第6章

噴火による破壊と創造

地球規模の影響を及ぼすクラカタウの大噴火

繰り返される巨大噴火

2022年1月15日に発生した、トンガ王国のフンガ火山の爆発的噴火は、成層圏を貫く巨大な噴煙を形成し、大気・海洋・電離圏に全球規模の擾乱《じょうらん》を引き起こした。日本を含む太平洋沿岸の各国で潮位の変化が観測され、その影響の大きさは歴史的に見てもまれな現象だった。地球を震わせたこのフンガ火山の噴火の全貌はしだいに解明されつつあるが、歴史を振り返ると、じつは地球上ではフンガ火山の噴火を上回る規模の爆発的噴火が繰り返し発生している。

インドネシア・クラカタウ火山もそのような噴火を起こした火山の一つで、とくに1883年の噴火は地球規模の影響をおよぼし、当時の世界の人々を震撼させた。2018年には島の一部が崩れる「山体崩壊」が起こり、同時に発生した津波により多くの犠牲者を出した。

クラカタウは危険な火山現象を発生する一方、新しい火山島の誕生と成長のプロセスを見せる稀有な火山でもある。

クラカタウとは一体どのような火山なのか、本章ではクラカタウへの訪問記録を中心に、火山の地形を大きく変えてしまうような山体崩壊やカルデラ形成を伴う破局的噴火に迫るとともに、火山島の創造と破壊について考えてみたい。

地球観測黎明期の日本でも記録されていた

１８８３年８月27日17時50分、東京気象台に設置されていた自記晴雨儀（気圧計）の針がゆっくりと動き、異常な空気の振動を記録した。気圧変化の波が日本列島を通過したのだ。その波源はインドネシア・クラカタウ火山。ジャワ島とスマトラ島を隔てるスンダ海峡の中央に位置する活火山である。

同日の10時02分（現地時間）、このクラカタウ火山で大爆発が起き、大気波動が地球全体に伝播したのだ。この波は地球を周回し、８月29日３時50分に再び東京気象台で記録された。噴火による爆発音の可聴域は東南アジアを中心として、オーストラリア大陸やインド洋の島々など数千㎞の範囲におよんだ。北米やヨーロッパなどクラカタウからはるか遠方でも津波が観測された。

日本では１８７５年に内務省地理寮（後に地理局に改称）に東京気象台（気象庁の前身）が設置され、１８８３年に初めて天気図が出版されるなど、観測地球科学の黎明期といえる明治前期である。まだ験潮場が整備されておらず津波の観測データはないが、日本国内の複数の場所で津波の到着を示唆する記録が残されている。このようにクラカタウの噴火が引き起こした擾乱は世界各地で捉えられたのだ。

この噴火によりクラカタウ火山の大部分が消滅したというニュースは、当時普及したばかりの電信網を伝って瞬く間に世界中に広がり、人々を震撼させた。

ジャワ島やスマトラ島から40㎞も離れ、人もほとんど住まないこのような場所で起きた噴火だが、３万６０００人超の犠牲者が出たことで歴史の上でも特筆されている。これだけの犠牲者が出た主な原因は「津波」だ。噴火に伴い発生した巨大津波がスマトラ島やジャワ島の沿岸に襲来し、遡上高が36メートルに達したとの記録が残る。

１８８３年以前、クラカタウ火山は３つの島（ラカタ島、セルトゥン島、パンジャン島［ラング島］）で構成されていたが、大爆発により直径約７㎞、水深約２７０ｍの巨大な陥没孔、すなわちカルデラが中央に形成された（図６―１）。ラカタ島は南側の約３分の１を残して消滅し、カルデラ周囲には軽石や火山灰が半径20㎞以上にわたり厚く堆積した。海底もろとも火山全体の地形が大きく変わってしまったのだ。

大噴火に先立つ１８８３年5月からクラカタウの火山活動は活発化し、地震に加えて小中規模の噴火が頻発するようになっていた。６月末には噴煙高度20㎞に達する噴火が起こるなど、断続的な活動が続いた後、８月27日朝からさらに大きな規模の噴火が立て続けに発生した。そして午前10時02分、これまでの噴火をはるかに上回る規模の大爆発が発生した。

噴煙高度は40㎞以上に達し、10時15分には１５０㎞離れたバタビア（現在の首都ジャカルタ）

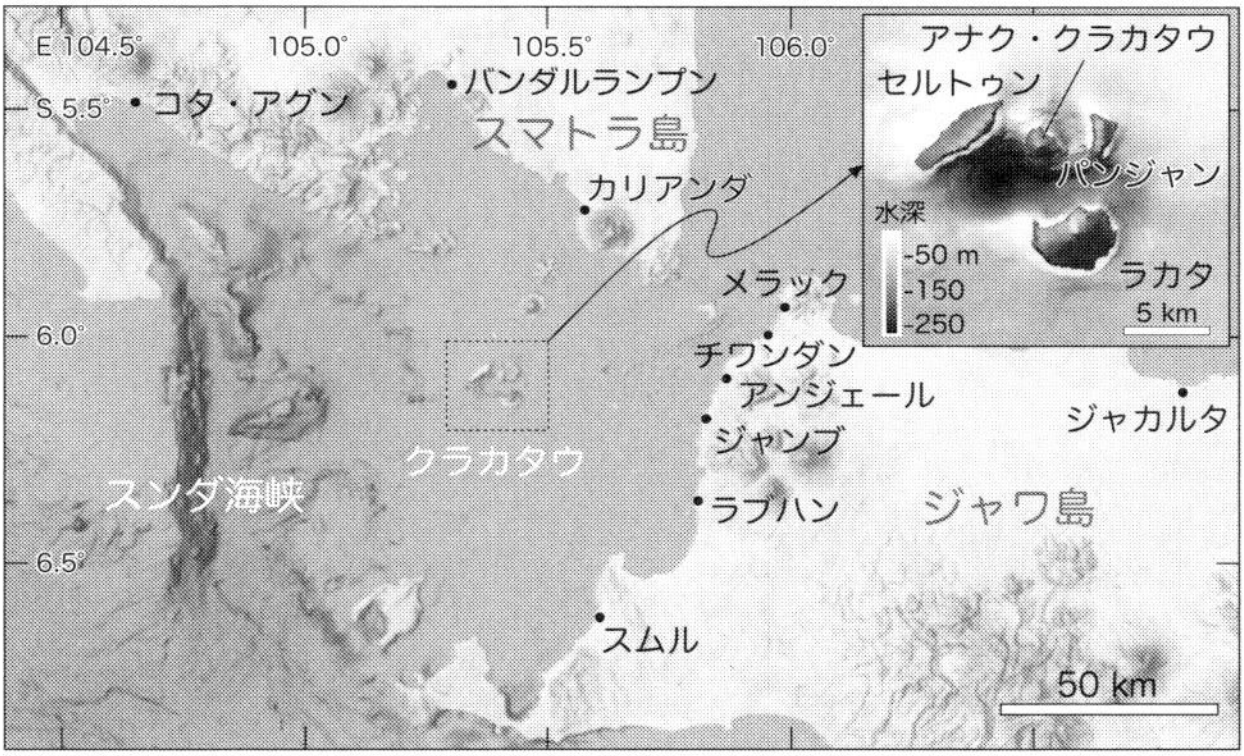

図 6-1 インドネシア・クラカタウ火山と周囲の地形
クラカタウの陸上および海底の地形図は Maeno and Imamura(2011)にもとづく。背景の広域地形図は NOAA_NCEI のデータにもとづく

の気圧計で急激な圧力変化のパルスが観測された。この爆発とほぼ同時に大規模火砕流が海に流れ込み、津波が発生し、沿岸域を次々と襲った。この時、カルデラ崩壊も起きたと考えられる。

火砕流の一部は海の上を流走し、40㎞離れたスマトラ島の沿岸にまで到達した。午後12時36分にはバタビアの潮位計で最大振幅1・8mに達する津波が観測された。太平洋沿岸やヨーロッパでも津波が観測されたのは冒頭で述べたとおりだが、このような地球規模の大気・海洋の擾乱は、2022年1月15日のフンガ火山噴火で発生した現象と驚くほどよく似ている。

1883年の噴火で約10㎦のデイサイト質マグマが地表に噴出したが、同時にマグマに含まれていた大量の火山ガスも大気中に放出された。火山ガスのうち二酸化硫黄は成層圏で硫酸エアロゾルを形成し、太陽光の地表への入射を妨げ、気温低下の要因となることが知られている。この年以降の数年間は世界各地で気温が低下し、農作物の不作が続いた。日本国内にもその影響があったと考えられている。

地球規模のインパクトを及ぼしたクラカタウ火山だが、その後しばらく静寂が訪れる。そして大噴火から44年、クラカタウは再び活動を始めた。

新たなクラカタウの誕生

1927年12月にクラカタウのカルデラ底で海底噴火が始まった。海底火山はみるみる成長し1928年1月末には海面上に姿を現した。浅海の活動ではジェットを噴き上げるマグマ水蒸気爆発を繰り返し、陸化が進むと溶岩流出やストロンボリ式噴火により島は徐々に成長していった。まるで2013年に始まった西之島の噴火活動を見ているかのようだ。

この新しく成長し始めた火山には「アナク・クラカタウ」という名前が付けられた。「アナク」とはインドネシア語で「子供」の意味を持つ。断続的にマグマ噴火を繰り返し、1983年には標高200m、1999年には標高300mに達し、直径も約2kmまで拡大した。成長著しい元気な子供に例えるのにふさわしい島だ。

ちなみに１８８３年の噴火ではデイサイト質マグマが噴出したのに対し、アナク・クラカタウは玄武岩質～安山岩質で、噴火様式だけでなくマグマも含め、クラカタウの活動は大噴火の後に大きく変わってしまった。

アナク・クラカタウが成長していくプロセスは、西之島や鬼界カルデラの昭和硫黄島など日本国内の火山島ともよく似ていて、その共通点は海域火山で発生する噴火現象や災害の性質を理解する上でも重要といえる。

西之島や鬼界カルデラ、そして１８８３年のクラカタウの大噴火に興味を持っていた著者にとって、クラカタウ諸島はぜひ一度訪れてみたい火山だったが、折しも２０１４年9月にインドネシアで行われた学会の際に、この念願の地を訪れる機会を手に入れた。

クラカタウ諸島へアクセスするにはインドネシアの首都ジャカルタ経由で陸路によりジャワ島西岸まで行き、クラカタウの対岸にあたる港町で小型船をチャーターする必要がある。

現地を十分見て回るには島に泊まる必要があるが、クラカタウの島々には貴重な生態系が存在し国立公園になっているほか、危険箇所も存在する。正式な調査や滞在にはインドネシア政府機関からの許可も必要で、これら一連の準備には現地のガイドや研究者の協力が欠かせない。

いざ船で出港してから約1時間半、洋上に浮かぶクラカタウ諸島が見えてくる。カルデラ壁を

図 6-2 2018 年山体崩壊前後のアナク・クラカタウの変化
著者撮影

構成する３つの島は植生が繁茂し青々としているのに対し、これらの島に囲まれたアナク・クラカタウだけは様相が異なり、赤黒い山肌が際立つ。植生がつく間もなく噴火を繰り返している証拠だ。

　アナク・クラカタウは裾野に広がる溶岩と標高３００ｍ近くまで成長した円錐形の火砕丘からなる。１９２７年の誕生以来、爆発を繰り返しつつも比較的穏やかな活動を続けてきた（図６―２）。山頂ではたびたび噴火が起こるためその周辺は荒涼としているが、東側の低地には高い樹木を含む植生があり、訪問者にとっては過ごしやすい場所となっている。

　２０１４年９月頃は火山活動が静穏で、噴出物の飛散の危険もないことから、一行はアナク・クラカタウの東岸付近で一夜を明かした。砂浜に打ち寄せる波の音と、あたりに響きわたる虫の声が気になり、なかなか寝付けずテントの外に出てみると、夜空は星で埋め尽くされていた。星明かりで背後に聳え立つアナク・クラカタウが浮かび上がり、日中太陽に照らされた姿とはまた違った威厳のある姿を見せていた。

クラカタウ諸島には今も１８８３年噴火の爪痕が残されている。この噴火では大量のデイサイト質の白色軽石や火山灰が噴出し、周囲の島や海底に厚く堆積した。軽石は現在も海岸に打ち上げられたり地表面に露出したりしている。セルトゥン島には厚い火砕流堆積物の露頭が存在し、１８８３年噴火の推移を追跡することができる。

生い茂った植生、黒色の新火山島、それらとは対照的に白色軽石からなる地層が混在するクラカタウの島々は、これまでの火山活動の履歴を凝縮し、独特の景観を創り出している。

噴火により海の中も壊滅的な影響を受けた。噴火時には堆積物により海が埋め立てられ、複数の島が一時的にできたと記録されている。それらは海蝕により消滅してしまったが、噴火が周囲の海底地形を大きく変えるほどすさまじいものだったはずだ。

現在、カルデラ一帯は好漁場となり、しばしば漁船も往来する。カルデラ外の浅海には珊瑚が生育し、魚たちの楽園となっている。１８８３年噴火の後、クラカタウの地形地質やそれを取り巻く環境は、アナク・クラカタウの成長とともに少しずつ変化してきたのだ。

変わり果てた5年後の姿――なぜ崩壊したのか

静穏期を挟みながら元気に成長していたアナク・クラカタウだが、２０１８年、それまでの活動からマグマを激しく飛散する活動へと遷移した。そして12月22日、突如として島の南西側が海の中に崩れ落ちた。「山体崩壊」である。山体崩壊は地形を大きく変えただけでなく大規模な津波を引き起こした。

津波はスンダ海峡沿岸に襲来し、死者・行方不明者４５５名という１８８３年噴火を彷彿とさせる甚大な災害が発生した。火口は海の中に没したがマグマは噴出し続けたため、周囲の海水と激しく反応して爆発を繰り返し、大量の砕屑物を火口周囲に堆積した。このような活動により崩れた山体は再び成長したが、標高は元の山体の３分の１程度までしか回復していない。現在、アナク・クラカタウは新たな噴火活動を開始し、島を造り直している。

日本国内でも事例があるように、山体崩壊は大規模な火山災害を引き起こす現象として知られている（第11章、第14章）。海域火山での山体崩壊は津波を発生し、犠牲者も津波による場合が多い。

火山体は砕屑物を積み上げて成長するが、時としてその成長の過程で崩壊し、そして再び成長するというように崩壊と再建を繰り返しつつ山体を大きくしていく。しかし崩壊する頻度は噴火の頻度よりも圧倒的に低く、その様子が目撃されたり観測で捉えられる機会はめったにない。つまりまれな現象がアナク・クラカタウで起きたのだ。

２０１８年のアナク・クラカタウの山体崩壊と津波がどのようにして起きたのかを解明するための共同研究に加わり、著者は5年ぶりに現地を訪問した。一連の活動がほぼ終息しつつあった２０１９年11月、山体崩壊から間もなく一年を迎えようという頃だ。

現地で見たものはアナク・クラカタウの変わり果てた姿だった。崩壊により中央に聳え立っていた火砕丘は失われ、島の形状は大きく変わっていた。北岸に船を付けて上陸し海岸付近の調査を行ったが、以前の島の面影は全くない（図６―２）。

表面は火山灰に厚く覆われ、さらに浸食により細かい谷地形が無数に発達している。２０１４年には植生が繁茂し虫の音を聞きながら夜を明かした東岸は、厚さ10ｍを超える堆積物に完全に覆われ、草木一本も生えない荒原と化していた。海岸線も沖側に移動し、地形自体が大きく変わってしまった。ようやく北岸の一部で枯れた樹木を見つけたが、それが唯一この島の過去を物語っている。

そして火山灰に覆われた緩やかな山体斜面をひた登ること1時間、ようやく山頂付近から島の南西側を眺望できる位置までやってくると、その向こう側には巨大な火口が開いていた。海水が溜まり火口湖となっていたが、時折土砂を噴き上げ、上空数百ｍまで水蒸気が立ち昇る爆発も起きていた（口絵6―a）。沈静化したとはいえ、まだまだ活発な状態が続いている。

２０１９年の調査時はアナク・クラカタウで野営することは危険なため、東隣のパンジャン島に泊まることになった（口絵6―b）。この島も噴火により津波に襲われただけでなく、その後の噴火活動により火山灰が数十cmも堆積したために植生は破壊され、灰色一色となっていた。その様相は、２０１４年とは全く違うものに変わってしまっていた。

足場は悪く、風で火山灰が舞い上がり、長時間過ごすには劣悪な環境だ。用を足すのも一苦労、星空を見上げて感傷に浸る余裕はない。灰にまみれ、唯一の楽しみは食事、という状態でこの島に滞在した。その甲斐あって、噴火や津波による痕跡とその後の噴火活動の推移を知るための貴重なデータを得ることができた。

現地での調査やその後の分析により、山体崩壊に伴った津波は近隣の島の海岸地質を大きく改変した。植生にも大きなダメージを与えたことや、崩壊とほぼ同時に高エネルギーの火砕密度流である火砕サージが発生し、アナク・クラカタウを覆ったことなど、噴火イベントの推移の詳細が明らかになった。さらに、崩壊後もマグマ水蒸気爆発が繰り返し発生し、アナク・クラカタウの再成長を促すとともに、大量の湿った火山灰がパンジャン島にもたらされたのだ。

また、崩壊後に噴出した火山弾の岩石組織や化学組成を調べたところ、崩壊前に島を構成していた溶岩とは異なることも明らかになった。全岩化学組成では、噴火後にSiO_2含有量が４重量％も増加していた。つまり山体崩壊は地下からのマグマ供給過程とも密接に関係していた可能性があるのだ。

山体崩壊はなぜ起きたのだろうか？　山体構成物の変質などによる脆弱化に起因するならば、年老いた火山ほど崩壊が起こりやすそうだ。しかしアナク・クラカタウの例は、成長を始めてわずか１００年足らずの若い火山であっても崩壊が起こり得ることを示している。

崩壊の原因として、山体がカルデラ縁の真上、すなわち基盤が大きく傾斜した場所に成長し、山体内部に滑り面が形成されやすい状態にあった可能性や、山体の強度が上昇マグマの圧力を支え切れなくなった可能性が考えられる。

いずれにしても山体崩壊が成長中の火山で容易に起こること、そしてそのような崩壊が海域で起これば大きな津波が発生することがアナク・クラカタウの災害で浮き彫りとなった。さらに、山体崩壊は単に表層地形を変化させるだけでなく、マグマの上昇過程や噴火様式の変化とも関係し、火山システム全体としての理解が必要なことが示されたのだ。

山体崩壊の予測は困難だ。しかし、火山体の新旧を問わず、山体の成長場や地下構造を事前に把握すること、急激な山体成長やマグマ上昇に伴う山体内部の応力変化を事前に推定することは山体崩壊のリスク評価につながるかもしれない。このことは、アナク・クラカタウの崩壊イベントを通して得られた重要な知見だろう。

　クラカタウでこの１４０年間に起きたできごとは、海域火山の噴火が陸地を創るだけでなく、時には破壊的な現象により火山体そのものを大きく変容させること、そしてその際には人間社会も巻き込んだ大きな災害を広域に、場合によっては地球規模にもたらすことを私たちに教えてくれた。

　このような創造と破壊はクラカタウのみに見られるわけではなく、インドネシア、トンガ、そして日本など世界の活火山の比較から、普遍的に起こりうる現象と考えられる。多くの海域火山が存在する日本列島においても、クラカタウと同様の危険が潜んでいる。

第 7 章

古代文明滅亡の謎を秘めたエーゲ海の火山島

サントリーニ

エーゲ海に浮かぶ、歴史に刻まれた火山島の誕生と成長

火山噴火はそのダイナミックで圧倒的な姿により古くから人々を魅了し畏れられ、時には歴史的な書物の中にその様子が記録されてきた。日本国内では古文書で遡ることができる噴火の記録はせいぜい6~7世紀ほどまでで、それより古い記録は地層に残された痕跡から探るほかに術はない。

この章で取り上げるサントリーニ火山・カメニ島は、紀元前古代ギリシアの時代から現代に至る歴史の中で、噴火のたびにその様子が記録されてきた世界的にもまれな火山だ。サントリーニ火山、そしてカメニ島とはどのような場所で、地中海の歴史とともにどのように変化してきたのだろうか？　歴史記録や著者の訪問記録をもとに探っていこう。

文明を崩壊させた？　超巨大噴火の痕跡

切り立った崖の上に所狭しと並ぶ丸屋根の白い家々、その背後に静かな海が広がる様子はサントリーニのガイドブックの表紙としてお馴染みの光景だ。ギリシアの歴史や文化、美しい自然を

象徴するかのようなこの島を肌で感じようと、世界各地から多くの観光客が訪れる。

地中海のやや乾燥した気候は葡萄やオリーブの生育に適しており、サントリーニは食の面でも魅力的な場所となっている。海辺の美しい風景に囲まれ、ワインを片手にゆったりと過ぎゆく時間を堪能できる、まさに地中海の楽園のような場所だ。

一方で世界有数の活火山としても広く知られている。独特の景観と文化が長い年月にわたる火山と人間の共生の結果生み出されたものであることを、サントリーニを訪れると実感できる。

活火山サントリーニが属するエーゲ海キクラデス諸島南縁は日本列島と同様に沈み込み帯にできた火山列で、火山島や海底火山が多く存在する地域だ。サントリーニを特徴づける三日月型のティラ島と西側のティラシア島をつないでできる環状の構造はカルデラ地形で、この場所が巨大な火山であることを象徴する（図７―１）。

現在はティラ島をはじめ大小の島々からなるが、かつてはここに大きな火山島が存在したと考えられている。過去数十万年の間に巨大噴火を繰り返した結果、特徴的な地形の火山島群がつくられ、現在はそこに約１万５０００人の住民が暮らしている。

サントリーニを最も有名にしたできごとは、島南部の街アクロティリで紀元前１６１０年頃に形成された厚い噴火堆積物の中から、ミノア文明の遺跡（アクロティリ遺跡）が発掘されたことだろう。ミノア文明はサントリーニの南約１２０㎞にあるクレタ島を中心に、東地中海一帯で興

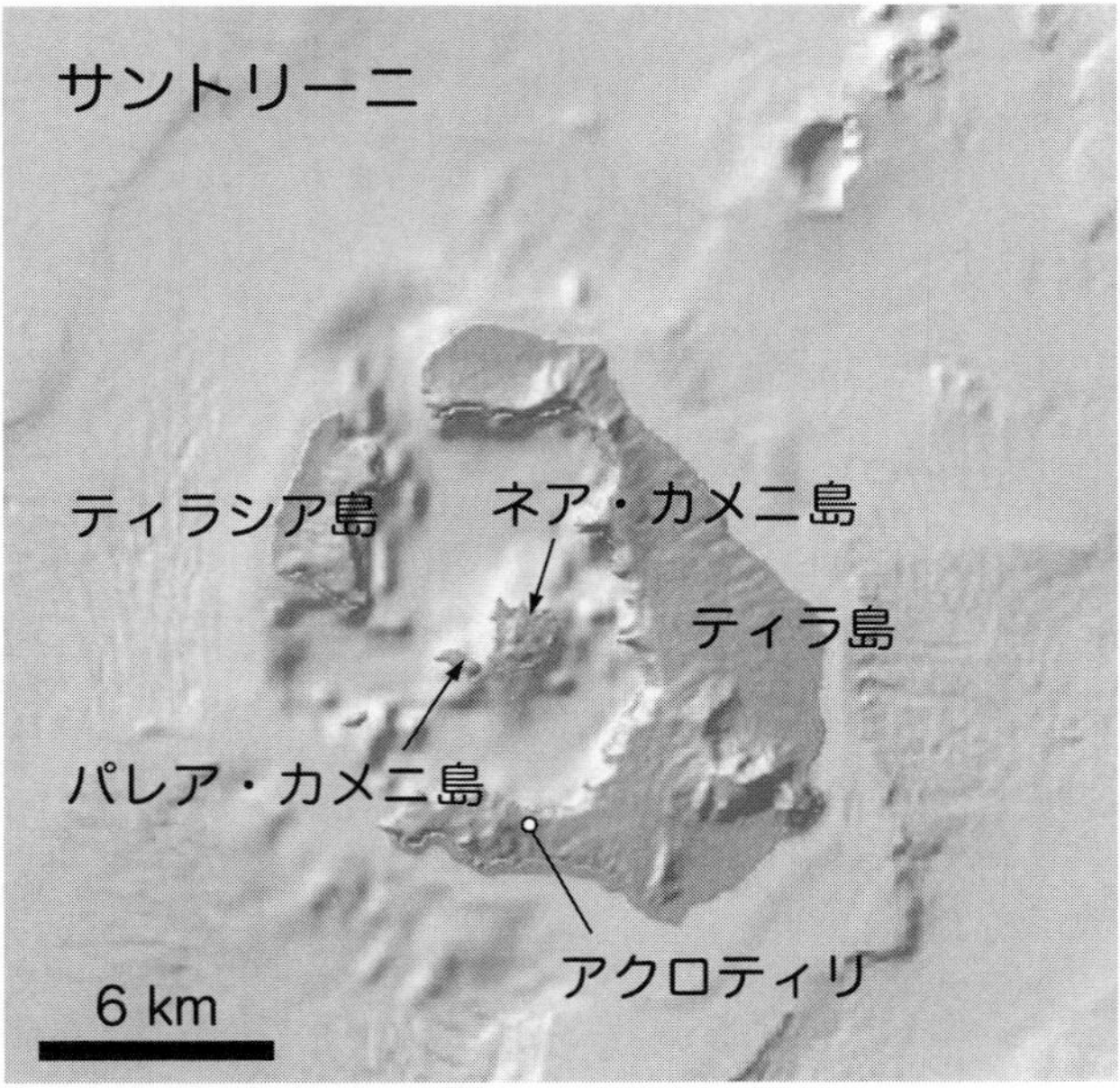

図 7-1 サントリーニ火山の地形的特徴
ネア・カメニ、パレア・カメニはカルデラの中央に形成された新しい火山。
陸上および海底地形図は NOAA_NCEI のデータにもとづく

隆した後期青銅器時代の文明だ。クレタ島の古代都市クノッソスは壮大な宮殿を持ち、政治、宗教、経済の拠点として紀元前２０００年頃から紀元前１４００年頃まで栄えたとされる。

アクロティリ遺跡の発見により、この時代にサントリーニで起きた超巨大噴火（ミノア噴火）がミノア文明を崩壊させたのではないかという仮説が立てられ、多くの研究者がこの問題に取り組んできた。

しかしアクロティリ遺跡からは犠牲者の人骨や貴重品は見つかっていない。また、最も激しい噴火に先駆けて起きた小規模な噴火の痕跡も存在し、アクロティリの街は突然の噴火に見舞われたのではなく、大噴火の発生を察知した人々は船で脱出する時間があったと考えられている。ただその後に発生した巨大火砕流や津波から無事に逃げ切れたかどうかについてはわかっていない。

ミノア噴火以前、ティラ島とティラシア島は陸続きになっていたが、カルデラ形成に伴い完全に分断され、現在のサントリーニの形ができあがった。

この噴火では約60㎦ものマグマが噴出し、サントリーニの島々や周囲の海底に厚い堆積物を残し、地形を大きく変えてしまった。火山灰は２００km以上離れたトルコ西部でも10㎝以上、遠方は黒海沿岸でも確認されている。クレタ島やアナトリア半島沿岸では津波の痕跡も発見された。噴火の規模としては１８８３年のクラカタウ噴火よりも1桁大きく、地球規模の影響があったとしてもおかしくない。

このように、巨大噴火が東地中海一帯に降灰や津波などにより甚大な災害を引き起こしたことは確からしいが、ミノア文明の崩壊については、噴火はあくまで遠因で、直接の原因は政治的混乱や内紛、新たに台頭してきたミケーネ文明による侵略との見方がなされている。実際のところ、噴火がこの地域の自然環境や人間社会にどの程度の期間、どの程度の規模の影響を及ぼしたかについてはよくわかっておらず、議論の余地はありそうだ。

少なくとも現在のサントリーニの姿は、巨大噴火という破壊的な自然現象と文明の興亡が織りなす濃密な歴史の中で生まれたものだということは間違いない。

地質学の教科書のよう——サントリーニへ

サントリーニの火山としての魅力、そして歴史的背景に興味を持った著者は2010年9月、英国の大学生らとともにサントリーニを訪れる機会を得た。ミノア噴火の痕跡はもちろん見所だが、そのほかにもさまざまな時代の噴火堆積物が地層断面としてカルデラ壁に露出し、地質学の知識、経験、感性を養成するのに格好の材料をこの島は提供する。

欧州に活火山は多くないが、地質学の教科書のようなこの島にまで足を延ばし、思考や作業の経験を積むことは学生にとって間違いなく刺激的で得るものも大きいはずだ。著者は彼らのフィールドワークの一端に触れつつ、一訪問者として冒頭で述べたようなサントリーニ気分ももちろん満喫した。

ティラ島のカルデラ壁には過去に何度も起きた巨大噴火の痕跡が露出しているが、一番上の厚い地層がミノア噴火の堆積物だ。ミノア噴火では大規模な火砕流が発生し、堆積物を広範に残したが、近傍ではその厚さは数十ｍをゆうに超え、軽石と火山灰からなる真っ白い巨大な壁として立ちはだかる（口絵７―ａ）。

ティラ島が全体的に白みを帯びているのは、島の主要な部分がこのような火砕流堆積物でできているためだ。この堆積物を見ると、ミノア噴火がサントリーニにあったもの全てを地層の下に封じ込めてしまったことがよくわかる。

ミノア噴火の後、人々がいつからサントリーニに戻り始めたのだろうか。紀元前９世紀頃にはこの島はすでにティラと呼ばれ、交易の要衝となっていたらしいが歴史記録では目立たない。そしてミノア噴火以来はじめての噴火が記録されるのはだいぶ先の紀元前１９７年のことだ。海の中については不明だが、少なくとも大きな噴火のない静穏な時期が１４００年ほど続いたようだ。

東地中海では古代ギリシアからヘレニズムへと政治、経済、文化などあらゆる側面で文明が急速に進歩し、民族の衝突も繰り返された頃である。ミノア噴火により荒廃した土地にはしだいに植生が回復し、激動の時代の傍らで人々が静かに定住し始め、新しい島がつくられていったのだろうか。

紀元前197年、長く続いた静寂を破り、ティラ島とティラシア島に囲まれた湾内で海底噴火が起こり、新島が形成された。古代ローマの地理学者ストラボンは『地理誌』の中で次のような記述を残している。

「ティラとティラシアの中間で海から火が噴き出し4日間燃え続け、海は沸騰して燃え上がった。火によって島は持ち上げられ徐々に高くなり、周囲2・2kmの燃える島となった。噴火が終わると、当時海の覇権を握っていたロードス島民が真っ先にこの島に乗り込みポセイドンを祀る神殿を建てた。」

新島はイエラ島（Hiera Island）と命名されたが、その後消滅してしまう。ギリシア語のHieraは英語でThe Holy、すなわち「聖なるもの」の意味をもつ。日本列島でもそうだったように、古代の人々は火山噴火を神聖な現象と捉えていた。

この時代、東地中海を支配していたマケドニアと、西側から勢力を拡大しつつあった共和政ローマとの戦いが繰り返されていた。紀元前197年は第二次マケドニア戦争の時期と重なる。このような戦乱の世においても火山噴火とそれに対する信仰的な行為が詳細に記録されたのは、こ

図 7-2 ティラ島北東から見たネア・カメニ
パレア・カメニはネア・カメニの背後にある。大型豪華客船が停泊しているのもサントリーニでは日常的な光景である。
著者撮影

のできごとが人々にとって極めて特異だったことを物語っている。

ティラ島からカルデラ内を見下ろすと、そこには様相を異にした黒々しい2つの島、パレア・カメニ島とネア・カメニ島が静かに浮かぶ（図7―2）。平べったく、植生がほとんどない岩石質の島であることが遠目からでもわかる。これらの島はイエラ島の出現と消滅の後、新たな噴火活動により作られた島々だ。

「パレア」と「ネア」はそれぞれギリシア語で「古い」「新しい」の意味をもつ。パレア・カメニが先に誕生し、続いてネア・カメニが誕生した。「カメニ」には「焼ける、火傷をする」という意味がある。日本語で古焼山、新焼山のようになり、この方が日本人にとって愛着が湧くかもしれない。

ローマの歴史家ウィクトル・アウレリウスの『Historia Romana』によると、パレア・カメニの活動はローマ帝国第4代皇帝クラウディウスが即位して6年目の年、紀元46年に始まった。12月31日のちょうど月食の時間帯に、イエラ島が出現した場所より南西側で溶岩が流出し、新島ができていく様子が目撃されたとの記述が残る。噴火は翌年まで続き、その結果できた島はティア(Thia)と名付けられた。

Thiaは The Godly、「神聖なもの」の意味をもつ。この噴火は西暦79年のヴェスヴィオ火山・ポンペイ噴火で命を失った、大プリニウスも記録に残している。

パレア・カメニはその後、726年にカメニ史上最大の爆発的噴火を起こした。アナトリア半島に降灰があり、大量の軽石が周辺海域を覆ったようだ。そしてこの噴火を最後に活動を停止した。1570年、パレア・カメニの北東、かつてイエラ島が誕生した付近でネア・カメニの活動が始まった。

カルデラ壁を境にして白から黒に変わる世界——ネア・カメニ

ネア・カメニへアクセスするには、ティラ島のカルデラ壁の下の港から船で20分程度、あっという間だ。しかし、港からしだいに離れるなか振り返ると、カルデラ壁の存在感に圧倒される。この壁を境に別の世界が広がっているようだ。

そして前方にいよいよネア・カメニが近づいてくると、学生らとともに自然と興奮してくる。遠目からはのっぺりとした島に見えたが、近づいてみると赤黒い溶岩が重なり合い、起伏に富み、表層はブロック状に破砕した溶岩塊（クリンカー）で覆われている（口絵７―ｂ）。

いくつかの入り江があるが、島北側の湾部には簡易の桟橋が作られていて、上陸は意外と簡単だ。遊歩道も整備されているが、もしそうでなければこの島を歩き回るのは容易ではない。上陸してすぐ山頂方向左手にはこの島では最も古い部分、１５７０〜１５７３年の噴火でできた火砕丘、ミクリ・カメニが構えている。

ミクリは英語でマイクロ、つまり小焼山だ。そして右手側には１９２５〜１９２８年の噴火による新しい溶岩が迫っている。植生はほとんどついておらず、緻密な溶岩とその表層を構成するクリンカーが顕著に発達する。

ネア・カメニは１９５０年までの主な6回の活動により、溶岩流や溶岩ドームを形成し、しだいに成長していった。溶岩はデイサイトと呼ばれる種類の岩石だが（SiO_2含有量は64〜68重量%）、ミノア噴火とは異なる新しいマグマに由来すると考えられている。

この化学組成は昭和硫黄島の岩石に近いため、同様の軽石質の島が生まれそうだが（第4章）、ネア・カメニ島の溶岩は発泡が悪く緻密なものばかりからなる。そのため島は全体として黒々としているのだ。

化学組成がよく似ていても脱ガスや結晶化のプロセスが異なると岩石の見た目が大きく変わることはよくあるが、その好例だ。そして興味深いことに、このような溶岩の特徴を生み出した地下のマグマは、パレア・カメニの時代から2000年以上もの間、化学組成をほとんど変化させずに現在に至っている。

山頂までの道のりでは、まさにこれらの活動によりつくられた溶岩の上を歩いていくことになる。標高114mなので登山というには至らないが、山頂に立つとサントリーニの全体像を見渡せる絶好の場所であることがわかる。

ティラ島を見上げると、白い箱型の建物がびっしりとカルデラ壁の上部を覆っている。よくもあの場所にあれだけの街を創りあげたものだと感心してしまう。

山頂付近には巨大な蟻地獄のような直径数十mのすり鉢状の火口が並んで存在する。これらは比較的新しい時代に起きた爆発の痕跡だ。

1926年1月には1日で280回の爆発的噴火を起こしたことが記録されている。溶岩流を主とした島だが、よく観察すると火口付近には爆発により飛散した巨大な火山岩塊が点在する。

この岩塊ひとつにも当時の噴火の情報が記録されている。岩塊の表面に発達した亀甲状の割れ目は、この岩塊が溶融状態のまま投出され急冷されたことを示している。ブルカノ式噴火（コラム2参照）によく見られる特徴だ。どのような噴火だったのか、学生たちとともに考えているうちに時間はあっという間に過ぎていった。

最新の1950年の活動では山頂付近で水蒸気爆発が発生した後、小規模な溶岩流出があった。この溶岩にはカメニ島を長年調査してきたギリシア人地質学者リアティカスの名が付けられている。一見、単純な溶岩の島に見えるが、このようにいくつもの時期の溶岩、火砕丘、火口が複合しているのがカメニ島の特徴だ。

主に1570年以降の6回の噴火により作られた島だが、かつてのイエラの時代を含めると2000年以上の歴史がこの場所には凝縮されている。そしてこの黒いカメニ島と白いミノア堆積物はなんと対照的なのだろう！

カルデラ壁を境にして広がるこの全く違う世界は、サントリーニの大きな特徴であり魅力でもある。

超巨大噴火とカルデラ陥没、それ以降の新たなマグマの活動によるカメニ両島の形成を経て、現在のサントリーニの姿が生まれた。このような活動の履歴は、これまで紹介してきたクラカタウや鬼界カルデラとよく似ており、カルデラ火山に特徴的な噴火活動を引き起こす共通のしくみが存在することをよく示している。

噴火に伴い発生した噴煙や火砕流などさまざまな現象と噴出物の起源の解明は、このような火山の普遍的性質の理解につながっていくだろう。そして海域であるが故に新しい陸地が誕生するという古代人にとっては特異ともいえる現象が繰り返されてきた。これまで多くの先人たちが残してきた噴火記録は、浅海で起こる火山噴火の性質や火山島のでき方を知る上で貴重なデータとなっている。

カメニ島には他の火山島にはない特徴がある。ひとつは島が外洋とほとんど隔てられ、まるでゆりかごのような静穏な環境の中で成長してきたことだ。孤立した火山島とは異なり、激しい荒波による海蝕を免れてきたことが永続的な島の形成の一因となった可能性がある。

そしてもうひとつは、その形成過程が千年単位の長期にわたるにもかかわらず、東地中海の文明や国家の興亡の場という特殊な地理的・歴史的背景があったからこそ、さまざまな人物により詳細に記録されてきたことだ。

カメニ島は数十年から百数十年おきに繰り返し噴火を起こしている。将来噴火が起これば、現代の科学者が最先端の方法で詳細に記録し、歴史に新たな1ページを付け加えるだろう。

COLUMN

コラム２

灰色の雲が渦巻く ――プリニー式噴火とブルカノ式噴火

プリニー式噴火

サントリーニ・カメニ島の噴火は古代ローマの博物学者大プリニウスも記録に残したが、大プリニウスはイタリアのヴェスヴィオ火山で紀元79年に起きた大噴火の際、救助活動や調査を行っていた最中に噴火に巻き込まれ命を落とした。

この噴火は西暦79年8月24日正午過ぎに開始し、19時間にわたり噴煙柱を形成し続け、ヴェスヴィオ火山の主に南東側に降下軽石による厚い堆積物を形成した。噴火の後半には噴煙柱が崩壊して火砕流が発生し、古代都市ポンペイを一瞬で埋めてしまった。

このできごとはいわゆる「ポンペイ噴火」として知られ、大プリニウスの甥の小プリニウスにより詳細に記録された。

ポンペイ噴火が示したように噴煙柱が長時間（数時間から数日）にわたり維持される爆発的噴火を、この噴火の貴重な観察記録を残した小プリニウスの名前をとって「プリニー式（またはプリニアン）噴火」、やや規模が小さいプリニー式噴火を「準プリニー式（またはサブプリニー式、サブプリニアン）噴火」と呼ぶ。小プリニウスはポンペイ噴火の噴煙を「松の木」に例えた。彼が言う「松」は「イタリアカサマツ」で、その成木は日本でふつうに見られるアカマツやクロマツなどとは外見が異なる種類だ。成長すると途中の枝が失われ、全体として傘状に枝葉が茂るので、確かに傘型の噴煙を例えるのにちょうど良い。

プリニー式の爆発的噴火は、持続的なマグマ上昇に伴う揮発性成分の発泡により駆動される。火口からは火砕物と火山ガスの混合物が高速で噴出し続け、噴煙柱を形成する。火口直上で噴煙に取り込まれた大気が火砕物の熱により温められて膨張することにより、噴煙は浮力を獲得し大きく成長する。噴煙の高さはマグマの噴出率に依存し、噴出率が高い場合、高度数十㎞に達する傘型噴煙が形成される。

防災上の観点では、火口付近だけでなく火山周辺に大量の火砕物が降り注ぐことや、ポンペイ噴火のようにしばしば噴煙柱が崩壊して火砕流を発生する場合があるため、山体からはできる限り離れた方が良い。噴煙は風の影響を強く受けるため、風上側に逃れることで降灰の影響を避けることができる。

噴煙の規模が大きく、広域に火山灰を堆積するため、歴史記録に残されることが多い。富士山の１７０７年宝永噴火や浅間山の１７８３年天明噴火などのプリニー式噴火の噴煙の様子は史料に記録が多く残されている。

最近では2011年の霧島火山群新燃岳《しんもえだけ》の噴火で、数時間継続する準プリニー式噴火が1月26日から27日にかけて3回繰り返し観測された。いずれの噴火も噴煙高度約7㎞で、風下側にあたる宮崎県都城市を中心に降灰があり、車両通行への影響や農作物への被害が出た。

2022年のフンガ火山（トンガ）の噴火では噴煙高度が57㎞に達したが、これもプリニー式噴火の一種だ。

ブルカノ式噴火

爆発（数秒から数分程度の短時間の噴出現象）により、きのこ型の火山灰雲を上空に立ち上げるような単発の噴火を「ブルカノ式（ブルカニアン）噴火」と呼ぶ。爆発に伴い大砲が撃たれたような大音響を発し、窓ガラスが割れることもある。火道浅部に蓄積していたマグマが急減圧を受け、急激に発泡して爆発に至る。

溶岩が火口に栓（キャップ・ロック）を作り、火道が閉塞されることが圧力増加と爆発の原因になる。そのため火山灰を放出するだけでなく、破壊されたキャップ・ロックの破片（岩塊）が弾道を描いて飛散し、その距離は数㎞にも達することがある。

2011年の霧島火山群新燃岳の噴火では、準プリニー式噴火直後の2月1日にブルカノ式噴火が発生した。そこでは数トンの溶岩塊が初速度240～290m/sで投出され、火口から西方約3・4㎞の地点に落下した。地面への衝突により、直径約8mのインパクト・クレーターが形成され火災も発生した。このようにブルカノ式噴火（爆発）に伴う弾道放出岩塊の衝突エネルギーは大きく、建造物が破壊された事例は多く報告されている。

この噴火様式は安山岩質の火山で見られることが多く、日本国内では桜島や浅間山などの噴火で頻繁に出現しているほか、西之島の2015年末頃の活動でも観察された。

ブルカノ式の名称はイタリア南部ティレニア海に浮かぶヴルカーノ島に由来する。ヴルカーノはVulcanoと表記するが、元々はローマ神話に登場する火の神「ウゥルカーヌス（Vulcānus）」が語源となっている。これらはどこかで見たことがある単語では？　と思われるかもしれない。そう、英語のVolcano（ボルケーノ＝火山）。まさに「火山」を象徴する噴火様式が、ブルカノ式噴火ということになる。

第 8 章

巨大化した火山島「西之島」

マグマの変化で噴火様式が激変

息を吹き返した西之島

日本は世界有数の火山国であるとともに海洋大国でもある。海域での火山噴火や災害が必然的に起こりやすい環境にある。近年の小笠原諸島・福徳岡ノ場、西之島、硫黄島の噴火の際には激しく噴煙をあげる様子や溶岩が海に流れ出る様子など、時々刻々と変化する躍動的な火山噴火の様子がさまざまな媒体で報道された。

このように日本列島の海域火山は近年賑やかだが、世界的に見ると海域火山噴火の詳細な観測記録は珍しい。日本列島の事例は貴重で、地球上のさまざまな海域での火山活動の理解を進める上で重要な手がかりを与えてくれる。西之島の噴火はまさにその代表例だ。

第1章と第2章では2013年以来活発な活動を続けている西之島で何が起きているのかを明らかにするために、さまざまな調査観測が行われていることを取り上げた。本章では最新の西之島の姿に迫るとともに、これまでに登場した火山島も振り返りながら火山島のでき方とそこに生まれる脅威について探っていきたい。

2013年11月から始まった西之島の近年の一連の噴火活動（西之島平成噴火）は、しだいに勢いが衰え、2018年7月に一旦終息した。これを機に2019年9月に環境省を主体とした総合学術調査が実施され、新たな西之島の地形地質や生態系が噴火活動によりどのように変化したのかが明らかにされた。

その後も静穏になった西之島が少しずつ変化していく様子を捉えるために、継続的なモニタリングの実施が期待されていた。しかしそのわずか３ヵ月後の２０１９年12月、突如として噴火が再開した。

まるで西之島が息を吹き返したかのように、２０１３年当初のような活発な活動が始まった。第４期活動（ちなみに業界では某映画シリーズのように「エピソード４」と呼んでいる）の開始だ。溶岩流出とストロンボリ式噴火により島は大きく成長し始めた。この噴火により、わずかに残されていた旧島、すなわち２０１３年以前の活動の唯一の痕跡が、ついに溶岩の下に埋もれてしまった。２０１９年までにこの場所で確認された生物は死滅し、西之島の自然環境は大きな分岐点を迎えたのだ。２０１９年の上陸調査で労力をかけて設置された地震・空振観測点も溶岩に覆われ、西之島の活動を知る手段は完全に失われてしまった。こんなにもあっけなく全てが溶岩に埋まってしまうとは誰が予想しただろうか……。

しかしそれは序章に過ぎなかった。このような活動が約半年間続いた後の２０２０年６月、これまでの西之島では見たことがないような噴火活動が始まった。

大量の火山灰や礫を激しく噴出する爆発的噴火が起きたのだ。２０１８年までの西之島の噴火

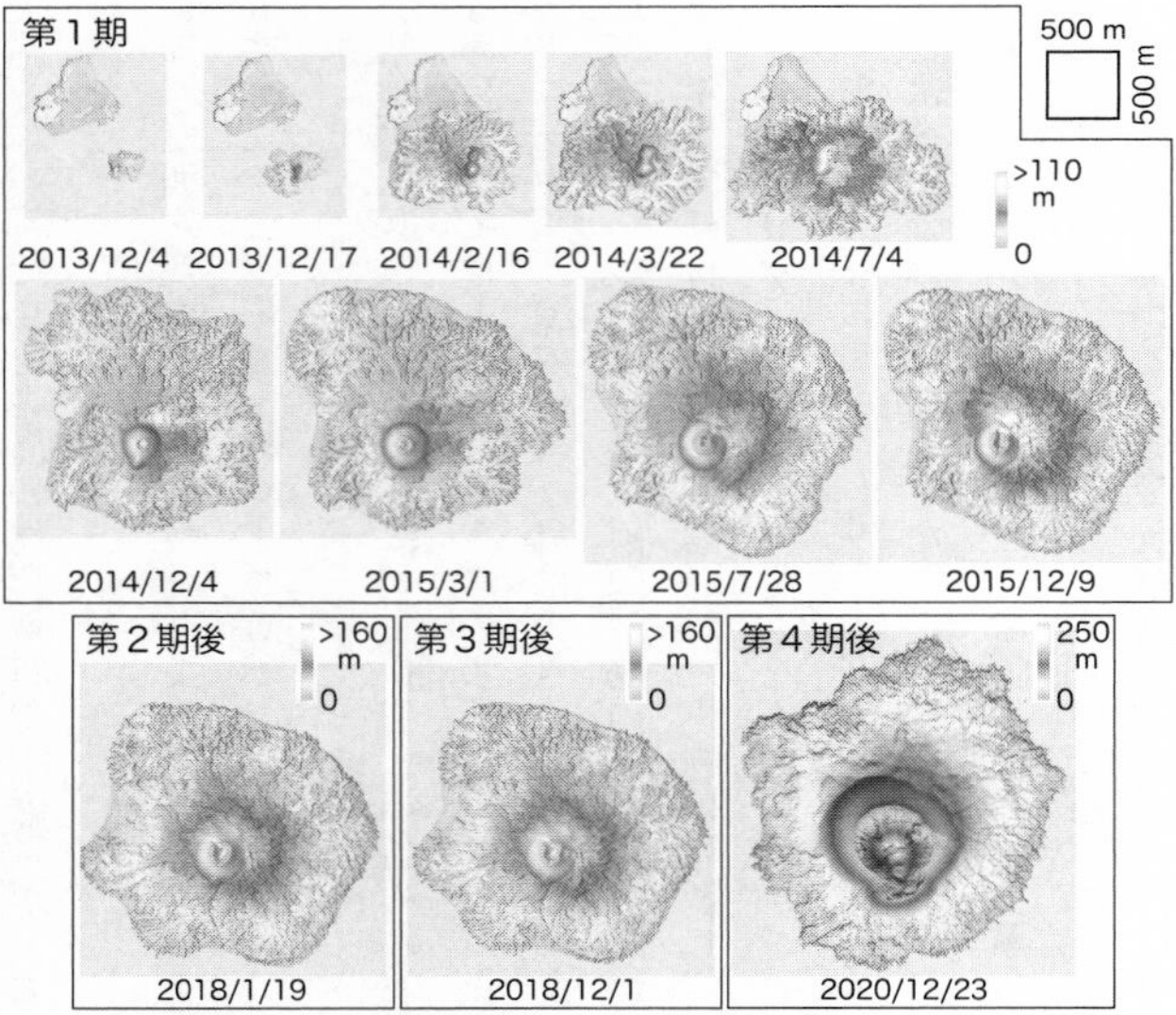

図 8-1 西之島の成長の様子

地形データは、第３期後までは国土地理院、第４期後は 2020 年 12 月のドローン調査にもとづく。Maeno et al.(2021)の Figure 3 を改変活動は溶岩流出が主体で、火山灰や礫など砕屑物の割合は少ないという特徴があった。一般的には穏やかな噴火活動といえる。しかし２０２０年６月からは、主に砕屑物を噴出する活動へと一変したのだ。

火山灰や礫を大量に含んだ黒色の噴煙が上空数千ｍまで上昇し、マグマの飛沫が火口から勢いよく噴き出す様子が航空機や人工衛星からの観測により詳細に捉えられた。火砕丘は急速に成長し、一時は標高約３５０ｍに達したが、その後南麓から溶岩が勢い良く流れ出し、部分的に崩壊して標高を減少させた。シンメトリックな形状だった火砕丘はいびつなものへと変わった。

これまで西之島の基盤を構成していた溶岩流は、細かい凹凸が発達した特徴的な表面形態だったが、この活動により溶岩流は火山灰に厚く覆われ、まるで島全体に毛布をかけたかのようにのっぺりとした地形へと変わってしまった（図８―１）。この西之島の大規模な活動は２０２０年８月初旬まで続き、ようやく終息した。

地下で起きた大きな変化

２０２０年７月に西之島付近を航行した気象庁の観測船が火山灰を採取することに成功した。東京大学地震研究所ではこの火山灰を分けてもらい、化学分析を行った。すると驚いたことに、化学組成がそれまでの活動とは大きく変わっていることがわかったのだ。

西之島は安山岩を噴出し続けている島として以前から注目されていた。しかし2020年6月以降に噴出した火山灰は、SiO_2含有量で約4重量％減少する一方、MgO（酸化マグネシウム）含有量は1・5重量％も増加し、玄武岩質安山岩に変わっていたのだ（図8―2）。わずかな組成変化にみえるがこの違いは大きい。

しかしこの時点では化学組成の変化がわずかな量の火山灰の分析によりたまたま検出されたものなのか、それとも島全体として大きく変わってしまったのかについてはわからなかった。

折しも2020年12月に海洋研究開発機構が研究船「かいれい」により西之島の緊急調査を実施することになり、著者はその航海に便乗させてもらいドローンによる調査を実施する機会を得た。2019年9月以来となる西之島訪問だったが、久しぶりに出会った島の容姿は驚くほど大きく変化していた。

まず島の中央に聳え立つ山体の大きさだ。2020年以前には低くなだらかな台地状の溶岩の上にちょこんとプリンが載っているような可愛らしい形の山体だったが、今や威厳を感じさせる大きな山体が構えている。

2019年には2・9㎢だった面積は4・4㎢へと約1・5倍に、島の体積は0・1㎦から0・2㎦へと約2倍に、160m程度だった標高は250mまで増加し、山体を支える裾野も大

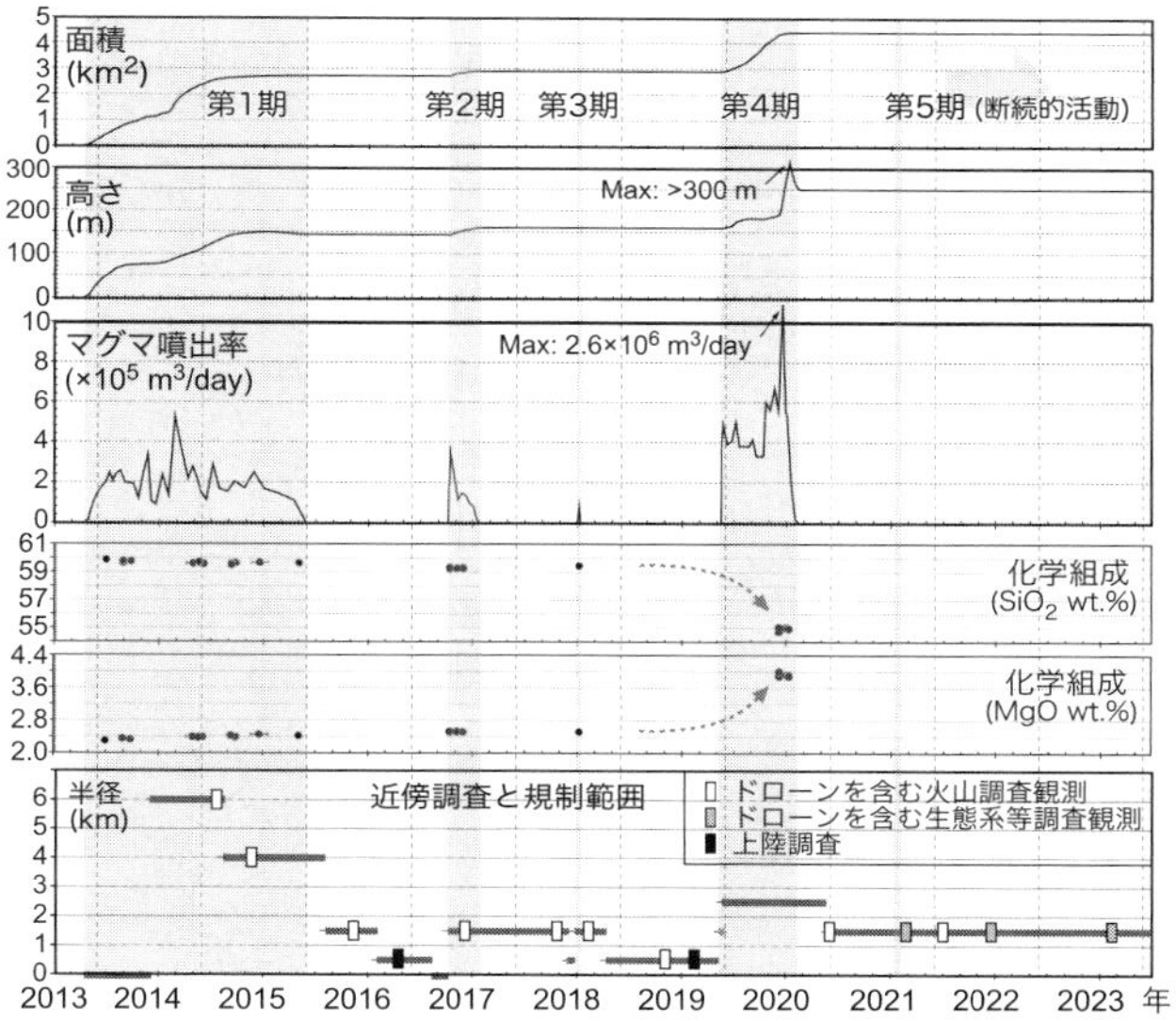

図 8-2 西之島の 2013 年以降の活動の変遷
上から、島の面積、高さ、マグマ噴出率、化学組成の時間変化。最下は近傍での調査（著者が把握したもの）と規制範囲の変遷。上陸調査は火山活動が低下して規制が緩んだ時に実施された。

きく広がった。さらに火口の直径は150mから570mへと増し、全体として以前とは比べものにならないほど巨大化していた（図8―2）。

そして以前は島の大部分は溶岩からなり、ガラス質の岩塊が集積してできた表面は歩くこともままならなかったが、今やそこには数mもの厚い火山灰が堆積して平らになり、内陸まで容易に踏査できそうな状態になっている。巨大化した山体とそれを囲むようにのっぺりとした表面が広がり、これまでとは全く異なる島のようだ。

海岸線は大きく沖合に前進し、かつての上陸地点を探すのはもはや困難だ。旧島はいったいどこにあったのだろうか？　何もかもが変わってしまった島の状態を一から把握することが、まずやるべきことだった。

2013年の噴火当時はまだ難しかったドローンによる遠隔調査が近年可能になったことにより、西之島の研究は飛躍的に進んだ。2020年の緊急調査でもドローンが活躍し、画像・映像撮影に加えて、掃除機を改良した試料採取装置を用いることで島の数ヵ所から礫サイズの岩石を採取することに成功した。

もう少しかっこいい表現を用いれば「サンプルリターンに成功！」と言えるかもしれない。最先端の探査技術を駆使して小惑星から試料を持ち帰ることに比べれば小さなことかもしれないが、西之島の研究者にとってはとても重要な一歩だ。

いよいよ試料の分析を行うと、2020年6月以降の噴出物の化学組成は、やはり全島的に玄武岩質安山岩へと変わっていることが確かめられた。さらにそれまで西之島では確認されていなかった鉱物、カンラン石が岩石中に多く含まれていることも明らかになった。新しいマグマが上昇してきたことを示す重要な証拠だ。

岩石鉱物のさまざまな分析・解析と、人工衛星による二酸化硫黄の観測などをもとに、私たちは2020年に起きた西之島の噴火様式の大きな変化は、地下深くから揮発性成分に富む新しい玄武岩質マグマが上昇してきたためと結論付けた。

最新の活動により新しいマグマが既存のマグマを置き換え、西之島の地下の状態は大きく変わってしまったようだ。西之島の新たな成長期は、単なる外観の変化だけでなく、地下深部を含めたマグマシステム全体の変化により引き起こされたのだ（図8―3）。

このような大きな変化は私たちが知っている西之島の噴火履歴の中では初めてのことだ。しかし、おそらく数万年以上におよぶ履歴を考えると、私たちが知らない古い時代にもこのようなマグマの入れ替わりを繰り返し、現在の西之島に至っているのかもしれない。

2020年8月以降、西之島の活動は一旦衰えたが、時折小規模な噴煙を上げ火山灰を放出するという、これまでには見られなかった断続的な活動（第5期活動）が現在まで続いている。これもマグマが入れ替わったことが影響していると考えられるが、現在の活動を引き起こしている

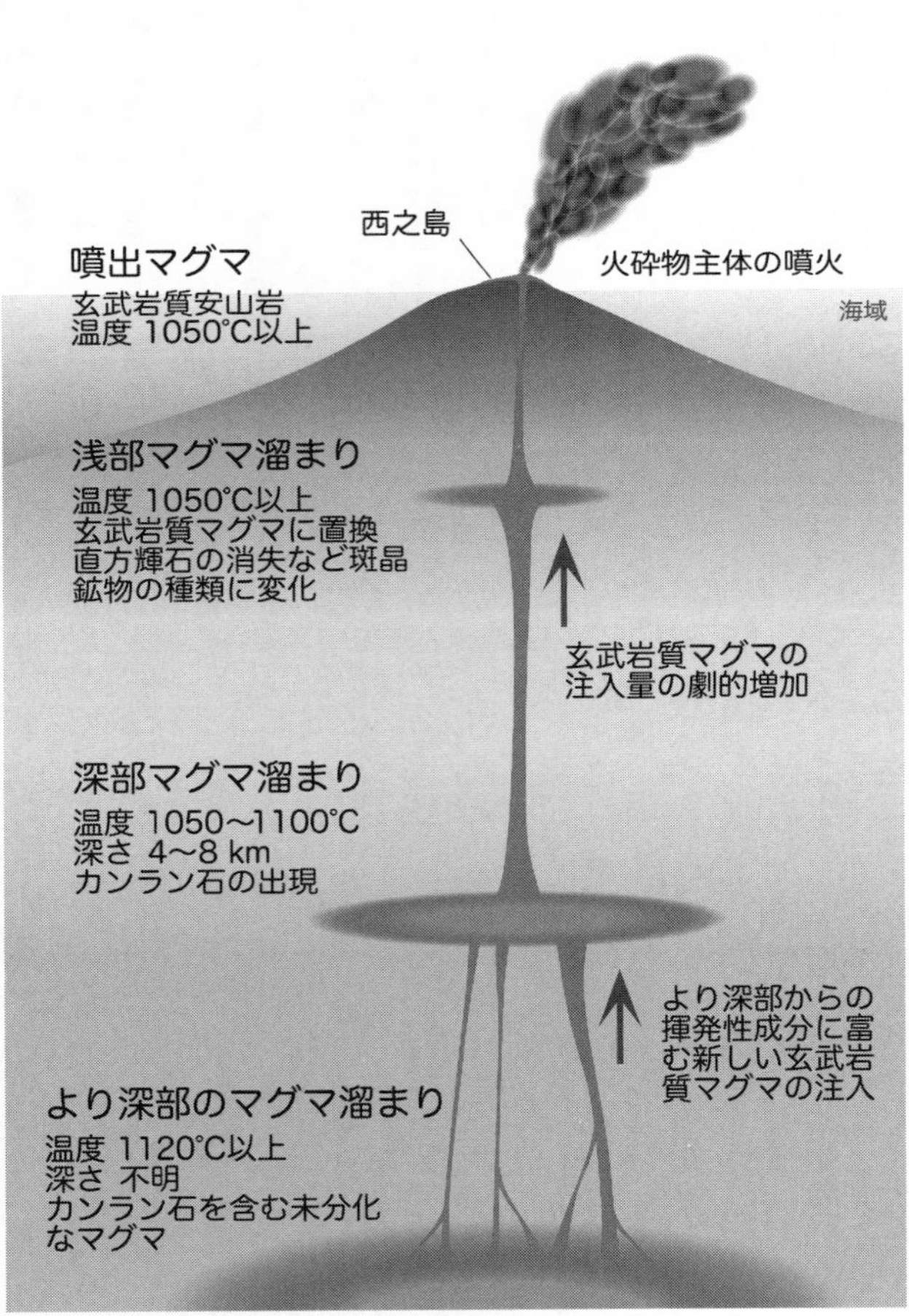

図 8-3 2020 年以降の西之島のマグマ供給系のイメージ
2020 年噴火の噴出物や観測データにもとづく

メカニズムはまだよくわかっていない（図８―２）。

上陸調査は依然として困難な状況にあるが、２０２２年１月末、著者は再び西之島を訪れ、調査観測を行う機会を得た。母船は２０１６年の上陸調査でも活躍した研究船「新青丸」だ。今回は上陸を行わないので、食生活（とくにトマトだが……、第２章参照）にあまり気を使わなくても良い。この調査ではドローンと無人潜航艇（ハイパードルフィン）を駆使し、空と海から西之島にアプローチするという、史上初めての試みがなされた。

冬場の小笠原の海況は悪い。この航海も時化《しけ》に見舞われ、調査時間はわずか2日半となったが、海岸から約１・５㎞離れた沖合の海上を起点として、ドローンにより島の地形地質をはじめとした詳細な状況を把握することができた。赤外線カメラによる観測では火口外にも所々に高温の領域が存在し、島はまだまだ冷え切っていないことがわかった。さらに無人潜航艇により西之島の海底斜面の起伏をつくっている溶岩の採取に成功し、西之島の火山活動の長期的履歴やマグマ供給系の進化を解明するための貴重なデータが得られた。

２０２３年、西之島平成噴火が始まってからちょうど10年目を迎えた。10月30日、この節目にぜひ西之島の取材に同行してほしいという某社からの依頼を受けて、著者はジェット機に搭乗し、記者とカメラマンとともに久しぶりに西之島に向かった。

天候に恵まれたこの日の海の色は、いつもより明るい群青色に見えた。その青い海の上にぽつりと浮かぶ小さな島がしだいに大きくなってくる。雲がほとんどなく、島の全貌を捉えるには格好の条件だ。

この日は噴気活動も落ち着いているようで、大きく開いた火口の中がよく観察できる。火口中央には以前にはなかった湯だまりができていて、水蒸気をもうもうと上げている。そして火口周辺だけでなく島のあちこちが黄色い。火山ガスからの硫黄の析出が進んでいるためだ。海岸付近では鉄錆色の変色水が何ヵ所からか湧き出していて沖合まで広がっている。火山ガスや熱水の放出は相変わらずで、まるで島に近づくものを拒み続けているようだ。

火山灰による濃淡のある灰色と、それが酸化して赤みを帯びた灰色、硫黄の黄色、変色水の橙色や赤褐色、さらにそれらが海水と混ざり合い緑色に変わり、これらの全ての色を包み込むようにして群青色の海が果てしなく広がっている（口絵8―a）。

10年前の2013年に西之島の噴火が始まった時、ここまで島が大きく成長し、このようにカラフルな世界を生み出すことを誰が予想しただろうか。

西之島は2023年12月現在も噴気活動や変色水の湧出が活発な状態にあり、すぐに上陸することは難しいだろう。しかし遠隔からの調査観測・モニタリングにより現在の西之島の理解を進めることはできるかもしれない。そして、いずれ活動が沈静化し上陸調査が行われれば、遠隔からではわからなかった新しい発見があるはずだ。将来の上陸調査に期待しつつ、今は静かに西之島を見守るしかない。

さまざまな火山島のでき方とそこに生じる脅威

西之島や福徳岡ノ場での噴火活動の調査観測を通して、私たちは火山島が誕生する場合もあれば消滅していく場合もあることを目の当たりにした。

西之島では溶岩流噴火が先行して島が誕生し、その後火山灰を噴出する爆発的活動期へと移行して山体を大きく成長させた。

２０２１年の福徳岡ノ場の噴火は、日本国内では現在のところ21世紀最大級の噴火だが、火山灰や軽石を噴出したのみで溶岩流出はなかった。一時的に形成された新島は海蝕により半年ほどで消滅してしまった（第３章）。たとえ噴火の規模が大きくても、西之島のように浅海に大量の溶岩が流出しなければ、新島ができたとしても「砂上の楼閣」で、海蝕によりあっという間に海の中に没してしまう。

これまでに登場した国内外の事例（昭和硫黄島、アナク・クラカタウ、サントリーニ・カメニ島）を見ても、このような島ができるための条件は共通している。

周囲の環境も火山島の成長にとっては重要だ。激しく波が打ち続ける大洋の真っ只中と、深い湾の中や静かな湖では海蝕の進み方が異なるため、島のでき方も変わってくる。サントリーニ・カメニ島は大きな島々に囲まれつつ、1000年という時間をかけてゆっくりと成長してきた。

西之島は太平洋の荒波が直撃する過酷な環境の中で成長してきた火山島だが、それは島を縮小させようとする外力に抗うだけの活発な活動を続けてきた証拠でもある。西之島はさまざまな条件をクリアして大きな火山島へと成長した幸運な島といえるかもしれない。

火山島はその誕生と成長の過程で、時に人間社会にとって脅威となる現象を発生し、甚大な災害を引き起こす。マグマ水蒸気爆発、津波、漂流軽石は災害の原因となる主要な現象だ。

浅い海での火山噴火では、マグマに加えて海水がエネルギー源として噴火に寄与するため、陸上よりも爆発的で強い噴火となる。マグマ水蒸気爆発により衝撃波が発生したり、ジェットやベースサージなどの激しい噴出現象が発生したりする。火山島の誕生や消滅の際には、このような爆発的な現象が伴われることが多いため、災害が起こりやすいし記録にも残りやすい。

津波は山体崩壊や爆発など、水面を大きく変動させる現象によって発生する。日本国内で火山噴火に伴い発生した災害のうち、犠牲者を最も多く出しているのが山体崩壊とそれに伴う津波だ。火山島の誕生や成長の過程で大きな津波が発生することもあり、このような現象を災害誘因として無視するわけにはいかないだろう。

世界で見ても火山島や海底火山での噴火による災害の多くに津波が関係している。2022年

1月のフンガ火山噴火（トンガ）や2018年12月のアナク・クラカタウ噴火（インドネシア）では津波の脅威が顕在化した。日本国内の海域火山にも同様のリスクは間違いなく存在する。

漂流軽石はこれまで火山災害の中では脇役的だったが、福徳岡ノ場の噴火で一躍注目を浴びるようになった。人的被害を起こす可能性は低いが、船舶や港湾施設の機能不全など経済的被害を長期的、広域的に引き起こす厄介な現象だ。

日本列島での発生頻度はそれほど高くないが、南太平洋の海底噴火ではしばしば目撃例がある。世界的に見れば決して脇役的ではなく、海域火山の噴火の際には注意を払うべき現象の一つだ。

火山と海洋の国日本には、海域火山噴火のリスクは常に存在する。陸域と同様に将来的に起こりうる火山現象を予測するには、現状のモニタリングだけでなく過去の事例を知る必要もある。噴火の年代、規模、現象、様式、推移、災害の種類、これらの情報は火山の噴火とその影響のパターンを読み解く上で重要だが、とくに海底火山についてはこれらの情報が著しく不足している。陸上と比べて調査できる場所が限られることが大きな原因だ。このような基礎的情報をさまざまな事例をもとに得ることも海域火山研究に残されている大きな課題だ。

西之島、福徳岡ノ場、昭和硫黄島、アナク・クラカタウ島、サントリーニ・カメニ島、そして2022年のフンガ火山で起きた噴火は、どれも海域噴火に伴う現象の理解とハザードへの対策を進める上での重要な事例だ。近年の噴火と過去の噴火双方から学ぶことはまだまだたくさんある。

第9章

溶岩流・噴煙・火砕流
——火山の成長を支える、
多様な表面現象

島の形成に欠かせない「溶岩流」

西之島をはじめ、永続的な火山島が形成されるためには、溶岩の流出による堅固な基盤の形成が必要だ。溶岩流は、マグマが爆発の駆動力を失い、溶融状態のまま地表まで上昇し流れ出ることで生じる。つまり島の形成には穏やかな噴火が欠かせない。

溶岩流は地表を流れる際に、その物性（粘性、降伏応力など）に依存した挙動をとる。最も重要な性質の一つは物質の動きやすさの指標となる粘性（単位：Pa・s［パスカル秒］）だ。玄武岩と安山岩、１２００℃の溶融状態でそれぞれ10〜１００Pa・s、１０００〜1万Pa・s程度で、身近なものに例えると、この粘性の玄武岩はケチャップや蜂蜜、安山岩はピーナッツバターといったところだ。

しかし徐々に冷却される過程で溶岩に含まれていたガス成分は抜け、結晶化が起こり、全体として粘性が増加していく。溶岩表面は大気に触れて急速に冷却されるため、皮殻（クラスト）が形成され溶岩の流動を妨げるようになる。粘性が比較的高い溶岩では、このような冷却と流動の過程でクラストが砕けてクリンカーと呼ばれる岩塊群が生まれ、溶岩表面を覆う。

粘性が低い溶岩の場合、クラストが形成されてもなお溶岩の供給が続くと、溶岩の内圧が高まり溶岩流全体が膨張あるいはクラストを破断し、新たな溶岩の支流を形成する。クラストの下で溶融状態が保たれると、溶岩はチューブ状・トンネル状の構造をつくり、長距離を流動できるようになる。

ハワイなどの低粘性マグマの噴火では、溶岩トンネルを通じてかなり遠方まで熱い溶岩が供給されることがある。同様の現象は西之島の噴火で溶岩流により島が急速に成長した際にも観察された。この時は溶岩が長さ１㎞ほどのチューブ状の構造を形成し、海に流れ出た。

溶岩流や溶岩ドームは火砕流などと比べて速度が遅いため、遭遇しても回避できる可能性が高く、火山現象の中では最も安全で災害が起こりにくいといわれている。

デイサイトや流紋岩の場合、粘性が非常に高いため（10万〜1億Pa・s）流動性に乏しく、火口近傍に溶岩を積み上げ、溶岩ドームを形成することが多い。この粘性になると長時間観察していないと流動しているかどうかわからない。

しかし、ニーラゴンゴ火山（アフリカ・コンゴ民主共和国）など一部の火山では水のように非常に粘性が低い溶岩（０・００１Pa・s）が噴出し、まるで洪水に襲われたかのように街が溶岩流の下に埋まり、大きな被害が出ることがたびたび起きている。

急峻な火山体の山頂部に高粘性の溶岩流や溶岩ドームが形成されると、それらが崩落して火砕流を発生することがある。溶岩を流出したからといって必ずしも穏やかな噴火に終始するわけではなく、災害を引き起こす場合があることには注意する必要がある。1991年6月3日の雲仙普賢岳での溶岩ドーム崩壊に伴う火砕流災害は、まさにそのようにして発生した例だ。

爆発的噴火が生み出す「噴煙」と「降灰」

西之島の2020年の噴火やフンガ火山の2022年の噴火などの爆発的噴火では、上空に立ち上がった噴煙が人工衛星からも明瞭に捉えられ、火砕物が広域に運搬されていく様子が観測された。このように爆発的噴火では大量の火砕物が生産され、噴煙や降灰が伴う。

火口から勢いよく出た噴煙は大気を取り込み、噴煙に含まれるマグマ片（火砕物）の熱を使い大気を膨張させることにより浮力を獲得し、高く上昇できるようになる。もし大気を十分に取り込むことができないと、浮力を得られずに噴煙は崩壊してしまう。無事に上昇できた噴煙の高さ（H）はマグマの噴出率（Q）と相関し、$H \propto Q^{1/4}$の関係で表すことができる。ただし同じQに対しても、風速場の影響によりHが小さくなったり、外来水との相互作用の影響によりHが大きくなったりする場合（第5章）がある点には注意が必要だ。

噴煙により運搬される火砕粒子の大きさは、噴煙の上昇気流や乱流渦の強さと、粒子が大気中

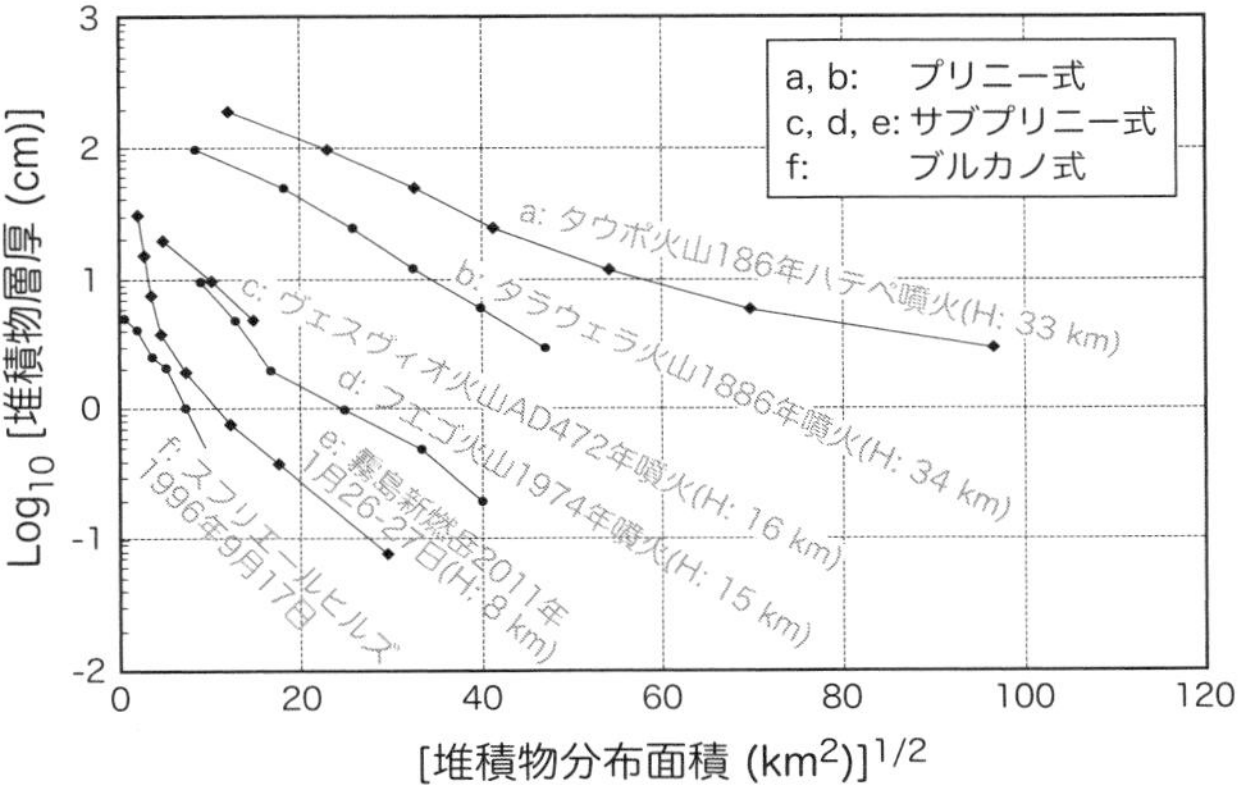

図 9-1 代表的な噴火についての堆積物層厚、分布面積、噴火様式の関係（H は噴煙高度）

を沈降する速度（終端速度）とのバランスで決まる。火口から遠ざかるほど噴煙内の上昇気流や乱流渦の強度は弱まり、粒子の終端速度が勝るようになる。その時点で粒子は噴煙から離脱し大気中を沈降することになる。結果として噴煙の勢いが強い火口近傍ほど火砕物の粒径は大きく、噴煙の勢いが弱い遠方ほど細粒の火砕物が堆積する。

火砕物は噴出源に近い場所に厚く、遠方ほど薄く堆積するため、図9―1のようなテフラ分布トレンド（Tephra thinning trend）を示す。「テフラ」とはギリシア語で、爆発的噴火により生成する火山灰や軽石などの火砕物やそれらからなる堆積物の総称として使われる用語だ。このトレンド（傾向）は、噴出物の分布状況やおよその噴火様式を把握するためだけでなく、この曲線を積分することにより噴出物の総体積（噴出量）を見積もることができるため、噴火の規模を推定する上で重要になる。

火山灰の拡散様式は噴火ごとにさまざまだが、とくに噴煙高度が高いプリニー式噴火では遠方に堆積する割合が大きくなるため、全体としてゆるい勾配のトレンドを示すのに対して、噴煙高度が低いブルカノ式噴火やストロンボリ式噴火では火口近傍に堆積物を多く残し、火山灰の分布域も狭くなるため、急な勾配のトレンドを示す（図9―1）。

火山灰は直径2㎜以下の微細なガラス質の粒子からなる。遠方に運ばれるほど細粒になり、数十μm（1μmは10^{-3}㎜）以下の粒子が主となることもある。浅海や氷河の中でのマグマ水蒸気爆発など外来水が関与する噴火では、とくによく破砕された火山灰が生産される。アイスランドの事例のように（第5章）、細粒火山灰が広域に拡散し、航空機の運行に影響を与えることもある。

細粒な火山灰粒子は細かな隙間へ容易に侵入し付着するので、精密機械類はとくに影響を受けやすい。また水分を含んでいると火山灰に含まれる水溶性成分が溶け出してセメント状になり、乾燥すると硬化することによりさまざまな問題を引き起こす。

都市部に火山灰が大量に降り注ぐと、交通や電力供給システムなど社会基盤で障害が発生するほか、火山灰を吸い込むことによる健康被害も発生することが想定される。その影響は火山灰を取り除かない限り続くことになるが、除去には莫大なエネルギーを費やす必要がある。

地表を流れ襲ってくる「火砕流」「火砕サージ」

火山噴火では火山砕屑物や火山ガスの混合物からなる高温で高速の流れ「火砕流」や「火砕サージ」が発生することがある。これらの現象は大気との密度差により駆動される重力流（密度流）の一種で、地表を這って流れることが特徴だ（図９―２）。

火砕流・火砕サージの流走距離は噴出率や噴出量（崩壊量）に依存し、規模が大きいものほど流走距離は長く、流域面積も広くなる。御嶽山《おんたけさん》噴火のように規模の小さい場合は流速が10㎧のオーダーの流れだが、規模の大きな噴火では１００㎧以上に達することもあり、遭遇した場合に回避することは不可能だ。

火砕流と火砕サージの違いは、流れに含まれる火砕粒子の濃度とそれに起因する流れの様式や堆積プロセスの違いだ。粒子濃度が１％より大きい場合を火砕流、小さい場合を火砕サージとする考え方もある。ただし、これらの境界を厳密に決めるのは難しい。火砕流から火砕サージが派生する場合もあるし、両者の中間的な流れも存在する。これらの流れ現象はまとめて「火砕密度流（Pyroclastic density current、ＰＤＣ）」と呼ばれる。

図 9-2 溶岩ドームの崩落に伴い山体斜面を谷筋に沿って流下する火砕密度流（インドネシア、シナブン火山）
2017 年 2 月 10 日、著者撮影

流れの性質を決める粒子濃度と温度

火砕密度流はさまざまな粒子サイズの火砕物を含む。粒径や密度の大きな火砕物はふつう流れの早い段階で堆積し、距離とともに流れの中に含まれる火砕物の粒径や密度は小さくなっていく。

粒子濃度が高い流れは密度が大きいため地形的低所を好み、谷埋め型の流れとなる。一方、粒子濃度が低く希薄な火砕密度流は、流れ全体の密度が低いために尾根などの地形的障壁を乗り越えられる。一般に堆積物の厚さは薄いものの、分布域は濃密な流れよりもずっと広くなり、危険性も増すことになる。

火砕密度流の危険性の一つは温度だ。マグマ噴火に伴う火砕密度流の温度は、樹木の発火温度400〜450℃を上回ることも珍しくない。このような高温の火砕密度流に人間が巻き込まれた場合は、体内の水分が蒸発してしまうため生存できない。

マグマ水蒸気爆発や水蒸気爆発により発生し、浅部熱水系や母岩の構成物に由来する100〜300℃程度の低温の流れも火砕密度流と呼ばれる。ただし低温といっても人間にとっては危険な温度で、巻き込まれた場合には重い火傷を負う可能性がある。2014年の御嶽山や2015年の口永良部島の水蒸気爆発で発生した火砕密度流はこのタイプで、マグマを含まないからといって決して侮ることはできない。

火砕密度流の破壊力

もう一つの危険性は流れの速度と密度（粒子濃度）により決まる動圧（流れ内部にかかる圧力）だ。動圧が大きい場合、人間はおろか建造物でさえ大きな損傷を受ける。例えば35kPa（キロパスカル）の動圧により鉄筋コンクリートのフレームは破壊されてしまう。この動圧は火砕密度流の流速に換算して100〜200m/sで、実際の火山噴火で達成され得る流速だ。

流れの物理条件と動圧との関係は、かつて繰り返し行われた水爆等の核実験データをもとに米国の研究者らにより詳しく調べられた。核爆発では圧力波がまず発生し、それに引き続き地表付近でベースサージに類する希薄な流れが発生する。この現象が火山爆発とそれに伴う火砕密度流と現象的によく似ていることから、核実験による知見が火山爆発研究にも応用された。

実験では動圧を直接計測できるので、建物の破壊状況と動圧との関係を知ることができる。この結果をもとに火砕密度流により破壊された建造物の状態から、そこに達した流れの動圧や、さらにいくつかの仮定をおくことで流速を推定することができる。

どのように発生するのか

火砕密度流の代表的な発生メカニズムには、噴煙柱の崩壊や溶岩ドームの崩壊がある。プリニー式噴火では大気の取り込みが噴煙の形成・維持のために重要な要素となるが、火道の拡大などにより大気の取り込みが不十分になると、浮力を得ることができずに噴煙柱は崩壊を起こす。火砕物と火山ガスの混合物は噴泉のように地表に吹きこぼれて火砕密度流を発生する。イタリア・ポンペイ噴火で発生した火砕流はこのタイプだ（コラム２）。ブルカノ式噴火でも噴煙が浮力を十分に獲得できない場合は火砕密度流を発生する。次の第10章で登場するカリブ海のスフリエールヒルズ火山の噴火で発生した火砕密度流の多くはブルカノ式噴火を起源とする。

溶岩ドーム噴火では、噴出したばかりの溶岩が崩落して急減圧を受けると、溶岩にまだ閉じ込められていた揮発性成分が発泡、膨張し、溶岩の破砕を引き起こす（自破砕という）。これにより生じた火砕物と火山ガスの混合物が斜面を流れ下ることにより火砕流が発生する。溶岩ドーム噴火では火砕物は主に溶岩からなるため、重く濃密な火砕流を生じやすい。この章の前半に登場した雲仙普賢岳の火砕流がまさにこのタイプに相当する。

山体崩壊等が引き金となり、潜在ドームが大気圧まで急に減圧された場合にはマグマの発泡・破砕が一気に進み、爆風を伴う高速で希薄な火砕密度流を生じる。このような例は１９８０年に米国セントヘレンズ火山の山体崩壊の際に観測された（第14章を参照）。

浅海でのマグマ水蒸気爆発で発生するベースサージも希薄な火砕密度流（火砕サージ）の一種だが、温度は低く、１００℃に達しない場合もある。ただし、高速、すなわち高い動圧のために巻き込まれた場合に助かる可能性は低い。

伊豆諸島の明神礁での１９５２〜１９５３年の噴火ではマグマ水蒸気爆発が繰り返されたが、噴煙の根本から発生するベースサージがたびたび観察された。当時撮影された写真を見ると、その流走距離は少なくとも７００ｍまで達していて、この現象に接近することが非常に危険なことがよくわかる。

第2部

島の成熟から崩壊へ

「変化し続ける島」を探る

第10章

街を丸ごと飲み込んでしまう火山灰

活動を続けるモンセラート

変わり続ける火山島

私たちの身近にある豊かな自然で魅了する「火山島」はどのようにして生まれ、成長していくのだろうか。活火山として成長する火山島は、噴火活動を繰り返しながら地形地質を変化させ、周囲の陸や海、人間活動にも大きな影響を及ぼす。第1部では火山島の誕生に注目し、ダイナミックで時に人間社会にとって脅威となる浅海での火山噴火の特徴や、さまざまな地形地質の変化の原因を探ってきた。

新たに生まれた火山島はその後、数千年、数万年あるいはそれ以上にもおよぶ長い時間をかけ噴火を繰り返すことでしだいに大きな火山島へと成長し、やがて人間活動を含む生態系がそこに根付くことになる。日本列島では伊豆諸島や南西諸島の島々をはじめ、活火山とともに美しく豊かな自然が広がる「火山島」は、このような長い年月をかけて成長し変化してきた、ある意味成熟した島がほとんどだ。

変化し続ける火山島は、海域・島嶼《とうしょ》域で起こる火山噴火とその自然や人間活動への影響について私たちに多くのことを教えてくれる。この章からは火山島で起こる噴火活動に注目し、島の成長と変化、そしてその過程で生じる噴火による脅威を取り上げる。

噴火活動は地球の躍動的な姿を目の当たりに見せてくれる一方、そこで暮らす人々にも大きな影響を与える。日本列島では活火山のうち約２割が火山島だが、諏訪之瀬島《すわのせじま》など一部の火山島を除き、多くは静穏な状態にある。しかし鹿児島県口永良部島の２０１５年の噴火に見られるように、島民が長期間島外への避難を余儀なくされる事態もたびたび起きている。

多くの島民が避難した伊豆大島、１９８６年の噴火や三宅島、２０００年の噴火は、火山噴火の推移予測の難しさに加えて、離島という隔絶された環境が住民避難など行政による噴火対応を難しくした事例といえる。同様に火山噴火が島に居住する人々に大きな影響を及ぼした事例は地球上のさまざまな海域に存在する。

カリブ海に浮かぶ英国領モンセラート（Montserrat）島は、人間社会が活火山の傍らで発展しつつも、時に噴火による甚大な影響を受けながら共生している島で、海域・島嶼火山を多く抱える日本列島と通ずるものも多い。

近年のモンセラート島での噴火は詳細に観測され、噴火に伴われたさまざまな現象とそのメカニズムの理解が進展するなど学術的にも重要な場所だ。しかし同時に噴火は島民たちにそれまでの首都を放棄し、新たな歴史を踏み出すことを強いた。本章では近年モンセラート島で起きた噴火活動を振り返りつつ、著者の訪問記録も交えながら離島火山の噴火が私たちに示唆するものを考えていく。

カリブ海の硫黄の名を持つ島

飛行機から降り立った瞬間にむっとした熱気を感じ、いかにもカリブの島にやって来たという雰囲気に包まれる。V・C・バード国際空港は西インド諸島の中でもリゾート地として人気が高いアンティグア島の空の玄関口だ。

忙《せわ》しなく行き交う人々の流れに揉まれながら、乗り継ぎのためにモンセラート航空のカウンターを探していると、ようやく見つけたそのカウンターは大手航空会社が軒を連ね、長蛇の列がいくつもできているその最も奥の方にひっそりと設営されていた。

さほど待つこともなく搭乗手続きを済ませ、待合所を抜けると、滑走路には小さなプロペラ機が待っている。モンセラート航空が運行するのは操縦士を含め定員8名の小型機だ。欧米や周囲の島々へ飛び立つ国際線の大型旅客機が轟音を上げて離着陸する合間を縫って、著者を乗せたその小さな機体はモンセラート島に向けて静かに飛び立った。

南米大陸の北に大小の島々が密集した地域があり、西インド諸島と呼ばれる。この西インド諸島と中南米に囲まれた海域がカリブ海だ。『パイレーツ・オブ・カリビアン』でもお馴染みの17～18世紀頃に海賊が栄えた地域でもある。

西インド諸島の東縁では小さな島々が弓を描くように帯状に連なり、大西洋側に迫り出すように配列する。これらの島はとくに小アンティル諸島と呼ばれる（図10―1）。

亜熱帯の気候とそこで育つバナナやサトウキビ、それらを元にした食文化など特色ある風土がこの地域の魅力で（とくにこの気候で嗜むラム酒は格別だ）、リゾート地も多く、欧米諸国の避寒地としても知られている。

小アンティル諸島は日本列島と同様にプレートの沈み込みに起因する火山弧で、11の活動的火山が含まれる。モンセラート島はこの諸島の中でも北寄りに位置し、東西10㎞、南北16㎞の洋梨のように下膨れした形の火山島だ（図10―1）。この島のことを知らなければ、地図を眺めてもほとんどの人がその存在に気づかないだろう。

かつてモンセラートは一つの小さな離島にすぎなかったが、1995年に始まったスフリエールヒルズ火山の噴火とそれによる災害がこの島を一躍有名にした。

小アンティル諸島の島々は歴史的な経緯から独立国家として存在する島もあれば、現在も欧州列国の領土（海外県）となっている島もある。モンセラートは正式には「英国領モンセラート島」で、植民地時代を経て現在も英国の一部を構成する。ただ英国本土から直接アクセスできる手段はない。ふつう欧州や北米経由で、まず隣のアンティグア島に入り、そこから空路を使う。

モンセラートには大型旅客機が離着陸できるような長い滑走路はなく、航空機は小さなセスナ

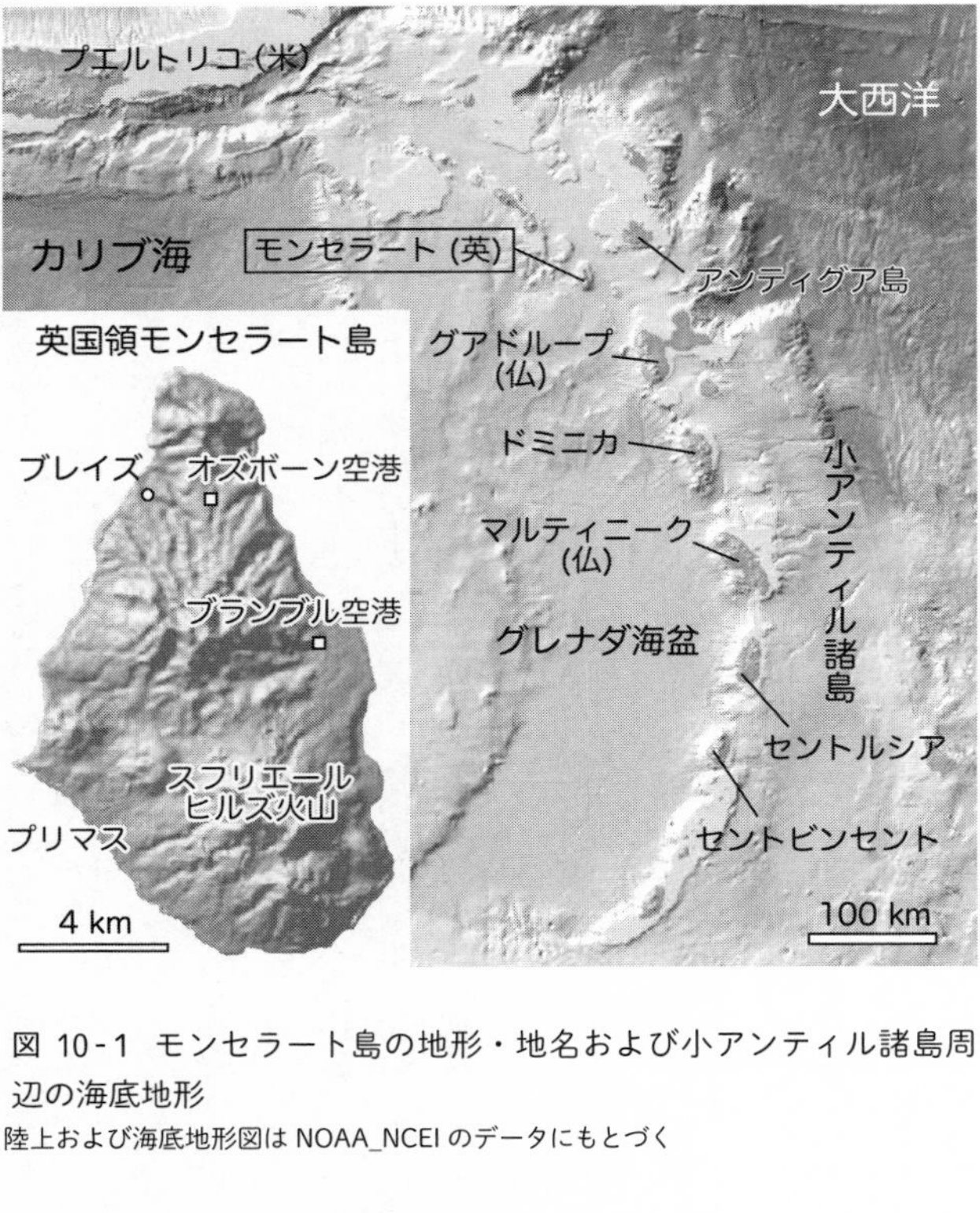

図 10-1　モンセラート島の地形・地名および小アンティル諸島周辺の海底地形

陸上および海底地形図は NOAA_NCEI のデータにもとづく

機やヘリコプターに限られる。小型機は天候の影響も受けやすく、アクセスするのはなかなか大変な島だ。

しかし無事にアンティグアを出発することができれば、モンセラートに近づくにつれて、この島をつくる火山の迫力ある姿を小型機ならではの臨場感を持って堪能することができる（口絵10―a）。

とくに島の南側を占める最高峰スフリエールヒルズの岩石質で険しい山肌と山頂付近から活発に噴気が出ている様子には目を奪われる。著者が初めて島を訪れた２０１０年5月はちょうど噴火活動の休止期間だったが、まさにできたてほやほやの山という様相を呈していた。

「スフリエール」はフランス語で硫黄を意味し、噴気活動が活発な火山にしばしば付けられる名前だ。カリブ海には他にも「スフリエール」と付く活火山が複数あり、混同されることが多い。モンセラートの「スフリエール」にはさらに「ヒルズ」が付くことで他の山と区別できる。

日本国内に「硫黄山」「硫黄岳」「硫黄島」など硫黄が付く火山地域が多くあるのによく似ているが、モンセラートのスフリエールヒルズはまさにその名にふさわしい山だ。

モンセラートを含め小アンティル諸島の多くの居住者は、アフリカに起源を持つ。その由緒は15世紀末のクリストファー・コロンブスによる西インド諸島発見に遡る。

このコロンブスによる西インド諸島発見を境に、カリブ海では欧州列国による植民地支配の下、アフリカから多くの移民が入植した、正確には強制的に入植させられたという歴史的経緯がある。モンセラートは１４９３年にコロンブスにより発見された後、１６３２年に初めて人が入植するまでは無人島だった。その後人口は増え続け、１９９５年の噴火前には約１万２０００人が居住していた。

その美しい緑に覆われた外観に由来してエメラルドの島とも呼ばれ、在りし日のカリブの島の雰囲気を留める島として親しまれ、観光産業も確立していた。首都プリマスは西海岸に位置し、噴火前は人口４０００人ほどで島の拠点として活気に満ちていた。いくつもの精米所や綿農家があり、北米やイギリスからの居住者も多く、アメリカの医学校も建てられた。

カリブ海の島々には過去の欧州列国による支配の影響が今もさまざまな場所に残されているが、それは負の側面ばかりではない。政治・経済の発展には欧米の力が重要な役割を担い、それは今日に至るまでカリブ海諸国の人々が豊かに生活するための基盤を支えてきた。

地震や火山の観測研究についても欧米諸国からの支援・協力が不可欠で、活動的火山を有する火山島のいくつかには専門のスタッフが常駐する観測所が設置されている。

モンセラート島の場合、１９９０年代初頭の地震活動の活発化に伴い、西インド諸島大学地震研究ユニット（現在の地震研究センター）が観測網を強化し、その後、本格的に観測を行うための活動拠点としてモンセラート火山観測所を設立した。西インド諸島大学はカリブ海の英語圏の国や地域が自治・運営する大学で、この地域の地震火山観測研究を欧米諸国の研究機関と協力して支えている。スフリエールヒルズの噴火の際にはモンセラート火山観測所が情報発信を逐次行い、噴火活動の理解と災害軽減に貢献してきた。

溶岩ドームの成長と火砕流――スフリエールヒルズの目覚め

1992年、スフリエールヒルズ火山とその周辺で通常の活動を上回る地震が観測された。1995年7月までの3年間に地震が活発になった期間は合計18回にも上った。

1890年代、1930年代、1960年代にも地震が活発化したことがあったが、結局噴火に至らなかったという経緯があり、そのためこの時もすぐには噴火に結びつけて考えられなかった。しかし1995年7月18日、山頂の東側に開いた凹地（イングリッシュ火口）でとうとう水蒸気爆発が発生した。スフリエールヒルズ火山が長い眠りから目覚めたのだ。

その後、4ヵ月の間に地震や水蒸気爆発が繰り返し発生し、その回数は増していった。震源は6㎞より浅く、上昇するマグマの動きによるものと考えられた。8月の水蒸気爆発では大量の火山灰が噴出し、火山灰を含む希薄な流れ（火砕サージ）が山体斜面を這うように流れ下った。

1995年8月21日には大規模な火砕サージが首都プリマスを襲った。街ではパニックとなったが、幸運にも火砕サージの温度は低かったため死傷者は出なかった。

当初は小規模な活動に終始することも想定されたが、1995年11月15日、安山岩マグマがついに表層に到達し、溶岩ドームの成長が開始した。

安山岩は玄武岩とは異なる特徴を持っている。玄武岩マグマは粘り気が小さく流れやすいため、溶け込んでいるガスは簡単に抜け出てしまい、結果として溶岩噴泉や川のように流れ下る溶岩流となることが多い。

一方、スフリエールヒルズ火山の安山岩は冷たく（ハワイの玄武岩の1200℃程度に対し850℃と低く、鉱物結晶を多く含む）、粘り気は玄武岩の10億倍も高いため、まるで固体のように振る舞う。このように動きにくい溶岩は火道の上に乗り上げ、急峻な崖錐《がいすい》を持つ溶岩ドームを形成する（図10―2）。

溶岩ドームは少しずつ成長し、1996年4月までにその体積は2500万㎥に達したが、それに伴い新たな危険が生じた。溶岩ドームの一部が崩落し火砕流が発生し始めたのだ。火砕流はドームを構成していた溶岩が崩れ、細かく砕かれることにより発生し、高温の火砕物（溶岩塊や火山灰）と火山ガスからなる高速の流れ、火砕流として山体斜面を流下した。

1996年の1年間に溶岩ドームは大きく成長し、崩壊の規模もしだいに大きくなっていった。そして1996年5月までに火砕流は島の東岸を超えて海に達するようになり、海を埋め立

図 10-2　スフリエールヒルズ火山の山頂に成長した溶岩ドーム
活発な噴気活動も認められる。溶岩ドームは 2007 年以降の活動で形成されたもの。
2011 年 4 月著者撮影

てた。火砕流堆積物によってできた扇状地は海岸から６００ｍ以上も広がった。

　現在その扇状地には火砕流が運んできた数ｍを超える巨大な岩塊が点在し、陸側では建物の残骸やサトウキビ製糖工場の煙突がわずかに顔を覗かせている。火砕流の威力を実感する一方、ここに街があったと想像することは難しい（口絵10―ｂ）。

　その後、溶岩ドームの成長は一旦収まったかに見えたが、１９９７年になると再び活発になり、５月には火口壁を超えて火砕流が北麓に流れ始めた。１９９７年半ばまでに溶岩ドームの体積は６０００万㎥を超え、崩落の規模はさらに大きくなっていった。ちなみにこの溶岩ドームの体積は、西之島の2024年現在の体積のおよそ3分の1に匹敵する。

そして1997年6月25日、約500万㎥の溶岩ドームが突然崩れ落ち、発生した火砕流がそれまでは届かなかった北東麓の谷筋を時速約100㎞の速さで流れ下ったのだ。この火砕流により多くの建物が破壊され、木造の家屋では火災が起こり、19名の命が奪われた。

9月21日にはさらに大きな火砕流が発生した。火砕流は島東部の街を完全に埋め、その先端は当時、島唯一の空港だったブランブル空港にまで到達した。

この火砕流により空港は完全に機能を失ったため、島北部に新たにオズボーン空港が建設された。著者が降り立ったのはこの新空港だ。

スフリエールヒルズでは溶岩ドームの崩落が引き金となり大規模なブルカノ式噴火も発生した。溶岩ドームの崩壊により高圧ガスを含むマグマが急減圧することで爆発が起こり、大量の火山灰放出とともに噴煙が立ち上がり、その高度はしばしば10㎞以上に達した。

このような活動が続いた後の1997年12月26日、それまでにはなかった現象が起きた。地震活動が24時間にわたり継続した直後の午前3時、山体上部の噴気地帯を構成する約4500万㎥の岩石が崩落し、岩屑《がんせつ》なだれとなって海へと流れ込んだのだ。山体崩壊である。

この現象により山頂部は大きく失われ、海域に突入した土砂により海面が持ち上げられ津波も発生した。津波はアンティグア島でも観測されるなど、その影響は周辺の島々にも及んだが、幸いにもクラカタウ火山による大災害（第6章）のような事態には至らなかった。

最初の活動期はこの山体崩壊で終焉し、島にはしばらく静寂が訪れた。しかしその後も数年間隔で溶岩ドームの成長を伴う噴火を繰り返し、2013年4月にようやく一連の活動が終息した。その間、2003年7月13日、2006年5月20日にも山体崩壊が発生し、東麓に大量の火砕物が運搬され、一部は海に流入し津波も発生した。

このような山体崩壊や津波はさまざまな観測機器により捉えられ、そのメカニズムや周囲への影響の理解は大きく進んだ。

長期にわたった火山活動は、モンセラート島内だけでなく海域にも大きな影響を与えたと考えられた。2012年には統合国際深海掘削計画（IODP）により、島の周囲で米国の掘削船ジョイデス・レゾリューション号による掘削調査が行われ、より古い時代の崩壊イベントも含めた海底地形や地質の変化が明らかにされた。著者も参加したこの調査によりわかったことは、山体崩壊では大量の物質が急速に海底に流れ込むことにより、火山近傍での崩壊物の堆積だけでなく、その衝撃により既存の海底堆積物も変形させるような海底環境の大きな擾乱が広域に引き起こされることだった。

図 10-3　火山噴出物に埋もれ、放棄されたプリマスの街
著者撮影

堆積物に埋もれた街

首都プリマスは1997年7月の火砕流により街の中心部が破壊され、大部分が堆積物に埋もれた。さらに山体斜面に残されていた1億㎥に及ぶ砕屑物が暴風雨のたびに移動し、泥流や土石流（ラハールと呼ばれる）となって何度も押し寄せ、街は継続的に破壊され続けた。その爪痕は2011年の時点でも生々しく残されており、堆積物に埋もれた多くの建物は放置され、街は完全に廃墟と化していた（図10―3）。

住民たちはプリマスの街を放棄し、再建することを諦めた。人々は島の北側へ移住したり島を去ったりしたが、それにより島の人口は5000人弱にまで減少した。モンセラートの拠点は空港とともに北側の街ブレイズに移され、残された人々は英国政府の支援を受けながら新しい島を作っていった。

スフリエールヒルズ火山の近年の噴火では、安山岩マグマによる溶岩ドーム形成とそれに起因するさまざまな火山現象が発生したが、緻密な調査観測と分析により、それらの現象のメカニズムだけでなく、噴火が島の地形地質さらには周辺の海洋環境にまで及ぼした影響について理解が大きく進展した。

噴火は、このような学術研究の進歩をもたらした一方で、この島に住む人々の生き方にも大きな影響を及ぼした。島に残った人々は街を放棄するという決断をしつつも懸命に復興に努め、新しい島を作っていった。火山噴火による深刻なダメージを受けながら大きく変化した環境の中で新たに生きる場所を築いていく人々の姿は、カリブ海の島々だけでなく地球上の多くの火山島に共通する。

海により隔絶され、限られた空間の大部分を火山体が占有するという独特の地形地質を有する火山島。その中には火山噴火の脅威と隣り合わせで、人間活動を含む全ての事象が詰め込まれているという、大陸とは大きく異なる環境が広がっている。

「火山島」が広大な陸域に成長した火山とは異なる魅力を持つ所以《ゆえん》は、それが火山を含むある種の閉じられた世界の中で、人間や動植物が自然の脅威に直面しながらも逞《たくま》しく生きている姿に惹かれるからではないだろうか。

このように噴火により大きく変化する火山島の姿は、学術研究だけでなく、火山国に住む私たちの生き方に対しても多くの示唆を与えているように思える。

第11章

江戸時代の山体崩壊と大津波の痕跡

日本海に浮かぶ絶海の孤島「渡島大島」

火山はいつか崩れる

日本列島には富士山のように美しい円錐形状の成層火山が多く存在する。噴火を何度も繰り返し、しだいに山体を成長させてきた結果だ。

しかし砂山を高くしていくとある時突然崩れるように、火山は時に崩壊を起こし山容を大きく変化させることがある。ふだん雄大に構える姿からは想像し難いが、崩壊による変化もまた火山のひとつの姿といえる。

火山体の崩壊（山体崩壊）が発生する頻度は噴火と比べて低いが、ひとたび発生すれば甚大な災害を引き起こす。日本国内の火山災害のうち、火山島や海に隣接した火山の山体崩壊とそれに伴う津波によるものは歴史上最も深刻で、多くの犠牲者を出してきた（第14章参照）。

日本列島には海域火山が多く存在するが、近年このような現象は幸いにも発生していない。しかし17〜18世紀の江戸時代には山体崩壊と津波による災害が複数発生し、歴史の中にそのすさまじさが記録されている。山体崩壊はどのように発生し、どのような現象が起こるのか。この章では渡島大島《おしまおおしま》で１７４１年に起きた山体崩壊と津波について、著者の上陸調査の記録を交えながら探っていこう。

シミュレーションでわかった、18世紀の大津波とその正体

江戸時代は八代将軍徳川吉宗の治世の晩期、1741年、元号では寛保元年8月18日、津軽地方弘前一帯で有感地震が記録された。この地震発生とほぼ同じ頃、北海道南端に位置する松前半島の沖で噴火が起きているらしいことがわかってきた。

8月23日以降、松前半島の江差をはじめとする村落では、降灰により昼夜がわからないほど暗くなり、昼間でも行灯《あんどん》を使わなければ道の行き来もできない状態だったと伝えられている。大規模な噴煙が立ち上がり、噴火が激化していったようだ。

ちょうど旧盆の時期で、住民たちはふだんなら盆踊りに興じている頃だが、ひたすら噴火が鎮まるのを念じたという。しかし事態は思いもよらぬ方向へ展開していく。

8月29日明け方、突如として大津波がこの地域を襲ったのだ。家屋や船舶とともに多くの人々が流され、一部の村落は壊滅状態となった。津波は渡島大島付近から日本海沿岸に広がり、各地に被害をもたらした。松前や江差では津波の波高は10mを超え、弘前藩沿岸、佐渡島、能登でも数m、若狭湾や島根、さらには朝鮮半島沿岸でも津波の到達を示唆する記録が残されている。その影響は日本海沿岸の広域に及んだ。

犠牲者数は松前藩が江戸幕府に注進した記録では1492人とされているが、これは松前に限定した数字だ。流出家屋についても791棟という数字が残るが、アイヌの村落も大きな影響を受けたはずで、実際の被害はこれらの数を大きく上回る可能性が指摘されている。

後に、この噴火により渡島大島の西側を構成していた山体がなくなり、北側に大きくえぐられたようなかたちに変わっていることが明らかになった。そのため津波の原因については、この崩壊地形との関係が憶測された。

渡島大島の噴火活動は山体が失われた後も断続的に続いた。松前や弘前は津波による大災害に加え、翌年まで降灰による影響も受けることとなった。また、渡島大島のかたちは劇的に変化したが、同時に大量の砕屑物の移動による周囲の海底への影響も考えられた。

山体が崩れた後の噴火活動では、新火口から流出した溶岩や爆発により生じた火砕物により、崩壊地形はしだいに埋まっていった。そしてついには新しい山体（寛保岳）が形成されるに至ったのだ。

その後の噴火活動は18世紀の間にわたり間欠的に発生し、噴煙が上がる様子がたびたび目撃されている。1741年の噴火と山体崩壊後も続いた噴火活動により、現在の渡島大島の姿ができあがったのだ。

1741年8月29日に甚大な災害を発生させた津波の原因については、山体崩壊が有力視され

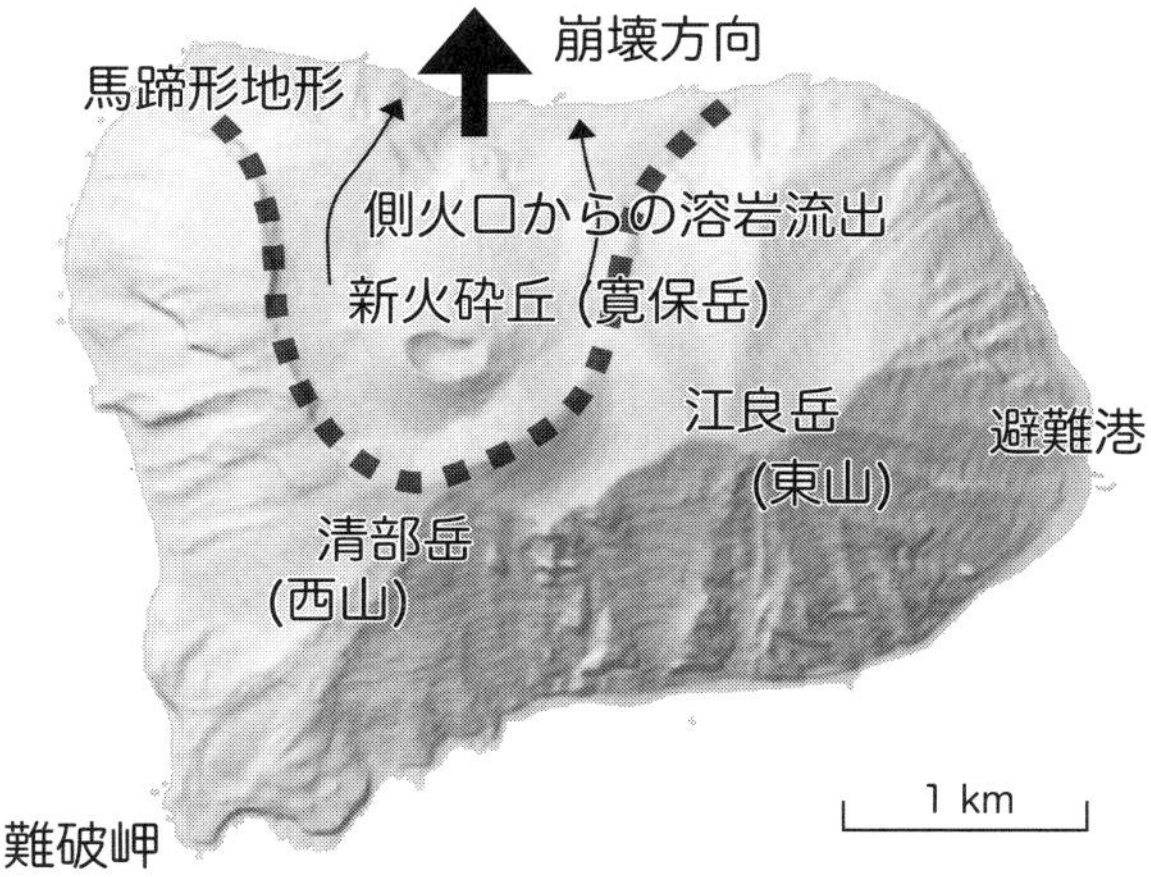

図 11-1　渡島大島の現在の地形と1741年噴火時の推定される崩壊方向
地理院地図（電子国土Web）をもとに作成

ていたものの、地震の可能性なども否定できないため長く論争があった。しかし海底地形調査や数値シミュレーションなどの結果をもとに、現在では山体崩壊が最も有力な説となっている。噴火を起こしていた渡島大島の西側を構成する山体が大崩壊を起こし海に流入し、大量の砕屑物が海面を押し上げ大津波が発生したというシナリオである（図11―1）。

山体崩壊の崩壊量は2㎦を超えると推定されているが、陸上部分の崩壊量は0・5㎦にも満たない程度で、残りは海底山体に由来する。つまり島の一部が崩れ落ちただけでなく、海底部分も含めた大規模な地形変化が起きていたのだ。しかし崩壊による土砂の移動過程や津波の発生過程、噴火のどのタイミングで崩壊が発生したかなど、十分に明らかにされていないことがまだ多く残されている。

このように、渡島大島の事例は、火山噴火と山体崩壊、そして山体崩壊と津波の関係について理解を進めるための貴重な機会を提供し、陸海にわたる統合的な調査研究が必要とされてきた。

日本最大の無人島に残る噴火の痕跡

松前半島は日本海を北上する対馬暖流の影響を受け、北海道の中でも平均気温が比較的高い。それでも一年の中で訪れるのに適した時期は限られる。18世紀の噴火の調査を行うために著者が産業技術総合研究所や新潟大学の研究者らとともに渡島大島に向かったのは2019年7月中旬、気候が穏やかな時期だ。

松前半島の西端、最も渡島大島に近い位置に漁業の街、江良《えら》がある。津軽海峡とつながる江良沖の海域は海産物が豊かなことでも知られている。晩餐に新鮮な魚介を堪能し、翌早朝、漁船に乗り込み、約50㎞先の島を目指し出発した（口絵11―a）。

気候が穏やかとはいえ海上の風や波の状態は急変することがあり油断はできない。この日も漁船は時折やってくる高波に大きく揺られ、船にしがみつかなければいけない状況だ。

1時間ほどで松前半島は後方に霞み、やがて前方に小さな島影が見え始める。さらに1時間半、頂を雲に覆われた渡島大島がしだいに大きくなり、波打つ海の上に静かに立ちはだかっている。急峻な斜面と断崖に囲まれた山体はまるで城塞のようで、異様な雰囲気を醸し出している。

渡島大島は活火山の島であるとともに日本最大の無人島でもある。大きさは東西4㎞、南北3・5㎞、標高は732ｍに達するが、実際には山体の裾野は水深1000ｍ、直径12㎞にもおよび、島は氷山の一角にすぎない。島の東側では漁船避難用の漁港の建設・維持のために工事関係者が滞在するが、定住者はおらず公式には無人島に位置付けられている。

過酷な環境が人を遠ざけ、島の大部分に手付かずの自然が残されている。行政による保護の対象にもなっていて、とくに国指定の天然記念物オオミズナギドリの繁殖地であることから、上陸調査には文化庁長官の許可も必要だ。

ようやく島東岸の港に接岸し、慌ただしく荷物を陸揚げすると漁船はあっという間に引き返してしまった。まさに人が寄りつかない絶海の孤島に取り残されたという心境だ。

海岸線から一段上がった高台には飯場がつくられ、港で働く人たちはそこで生活している。調査はこの東岸を拠点として行われたが、目的地は山頂だ。すなわち海抜0ｍから700ｍを超える山頂まで、急斜面をひたすら登らなければならない。

植生は貧弱で背丈の低い草木のみが斜面を覆っていて見通しは良い。所々、火山砕屑物により滑りやすくなっている場所を避け、ルートを適切に選択しさえすれば着実に歩を進めることができる。

このようにして懸命に登ること2時間半、ようやく島の東側をつくる江良岳の山頂に到着する。海岸から山頂までのこの往復行程を考慮すると、1日に調査できる時間と場所はとても限られたものとなる。

尾根まで上がると一面が緑の絨毯《じゅうたん》で覆われたような、なだらかな斜面が広がっている。そして空気が澄んだ日には、はるか彼方に渡島半島、本州から奥尻島まで一望でき、まさに絶景が広がる。海岸付近とは全く異なる世界がそこには広がり、700mの高低差を苦労して登ってきたことを忘れさせてくれる（図11―2）。

渡島大島は一つの大きな火山島だが、実際には複数の山体からなる。山頂には各山体のピークが並び、起伏に富む。東側にあるのが最高峰の江良岳で東山とも呼ばれる。島の西側は西山と呼ばれ、1741年に大崩壊を起こした山体だ。

西山の崩壊前のピークは失われ、現在は馬蹄形に崩れ残った外輪山の一部が最高地点となり、清部岳と呼ばれている。そして西山の崩壊部に成長した火砕丘が寛保岳だ。渡島大島の中で最も新しい山体である。

山頂付近には1741年噴火の噴出物が厚く堆積する。その大部分は山体崩壊前の玄武岩質マ

図 11-2 渡島大島江良岳西方の鞍部から清部岳に続くなだらかな草原斜面
著者撮影

グマによる爆発的噴火（プリニー式噴火）に伴い噴出したスコリアや火山灰だ（口絵11―b）。

1741年8月29日以前に松前で記録された、黒色の降灰をもたらした噴煙に由来すると考えられる。現在の松前町一帯でこの時の降灰の痕跡を見つけるのは容易ではないが、噴出源付近にはこのように厚く堆積物が残されていて、山体崩壊直前の噴火活動を知るための重要な手がかりを与えてくれる。

寛保岳は美しい円錐状の火砕丘だ。おそらくストロンボリ式噴火により形成されたのだろう。ほとんど浸食を受けていないその外見から、新しい火山体であることがよくわかる。

裾野には小火口が複数存在し、そこからは何枚もの溶岩が北斜面を流下し海岸に達している。海蝕崖ではこれらの溶岩流の一枚一枚が薄く広がり、幾重にも積み重なり露出する。このような特徴は、溶岩の粘り気が非常に低く、何度も川のように斜面を流れ、海に流れ込んだことを示している。

寛保岳とそれを取り囲む地形地質は、山体崩壊後も激しい爆発や溶岩流出があり、それに伴い火山灰が松前や津軽まで飛散したことを裏付けている。1741年8月29日以降も非常に活発な噴火活動が続いていたのだ。

江戸時代には繰り返し発生！ 噴火中に起きた山体崩壊

渡島大島の島内に残された地質痕跡をもとに1741年噴火の推移が徐々に明らかにされるのと並行して、周辺海域での調査も進んでいる。山体崩壊により生じた岩屑なだれ堆積物や噴煙により運ばれ海に落下した降下物など、噴火と崩壊に起因する堆積物が海底にも見出され、その特徴がしだいに明らかになりつつある。陸上と海底の地質の対比や噴出したマグマの特徴の解明が進むことで、1741年の噴火で何が起きたのか、今後より明確になることが期待されている。

一方で、解決が簡単ではない問題も存在する。

渡島大島の山体崩壊は、どうやらプリニー式噴火の最中に発生したらしい。このことからマグマの山体浅部への貫入が崩壊の引き金になった可能性がある。しかしマグマが火道を押し広げようとする力を山体が支え切れなくなったためか、あるいは継続する活動により山体の強度が急速に低下したためか、その原因はよくわかっていない。

噴火が続いている中で山体崩壊が起こるという同様の現象は、2018年にインドネシアのアナク・クラカタウ島でも発生し、この時にも津波による大きな災害が起きた（第6章参照）。事後の解析により崩壊に先行する長期的な山体変形が観測されていたことがわかっているが、具体的にどのような条件が揃った時に崩壊が発生するかは明らかでない。世界の類似事例のデータの蓄積と比較に加えて、山体が崩れる条件や関係する物理パラメータをモデルにもとづき探るような研究も必要とされている。

これらの事例は、崩壊現象の理解に対する課題だけでなく、噴火中の火山に山体崩壊のリスクが生じる場合があるという防災上にも重要な問題を投げかけている。

さらに、日本列島の海域にある活火山といえば、伊豆小笠原諸島や南西諸島の島々を真っ先に想像するかもしれないが、渡島大島のように活火山は日本海側にも存在し、1741年のような大噴火、山体崩壊、津波による災害のリスクがあることを忘れてはならないだろう。

渡島大島の山体崩壊から遡ること100年、1640年（寛永17年）には渡島半島東部に位置する北海道駒ヶ岳で山体崩壊が起こり、対岸にあたる現在の伊達市や洞爺湖町の沿岸を中心に、津波により700名以上の犠牲者が出るという災害が発生した。

山体崩壊の後には爆発的噴火が始まり、この時も噴火と津波による複合災害が引き起こされた。渡島半島は江戸時代に二度も山体崩壊による災害を経験した特異な場所といえる。

渡島大島の山体崩壊から約50年後の1792年（寛政4年）には、現在の長崎県、雲仙眉山で山体崩壊が発生し、有明海を挟む島原と肥後の両地域で津波により1万5000人以上の犠牲者が出た。「島原大変肥後迷惑」と呼ばれる大災害だ。この山体崩壊は雲仙普賢岳の火山活動と関係したもので、有史以降では国内最悪の火山災害である。

このように江戸時代の寛永、寛保、寛政に起きた三つの山体崩壊と津波は、いずれも大規模な災害を引き起こした。そして、これらの噴火の特筆すべき点は、古文書の中に多くの記録が残されたことだ。被災地域と江戸幕府との間では、噴火や津波そのものだけでなく被害状況についてのさまざまな文書が交わされたようだ。それらの古記録は、堆積物など噴火痕跡の調査分析とは別の視点から山体崩壊に伴う現象や災害の理解を進めることに貢献している。

火山体の崩壊は頻度は低いものの、ひとたび発生すれば甚大な災害となり得る点で、低頻度大規模な火山現象と見なされる場合が多い。

しかし明治期以降の国内の事例（1888年磐梯山《ばんだいさん》の山体崩壊）や近年の海外の事例（1980年米国セントヘレンズ火山、1997年および2003年スフリエールヒルズ火山（第10章）、2018年アナク・クラカタウ島の山体崩壊（第6章）など）を振り返ると、津波も含めたそのリスクは決して無視できないように思えてならない。

江戸時代と比べれば格段に科学が進歩した現代では、火山噴火の推移をほぼリアルタイムで把握できるレベルに達しつつある。しかし、現代の日本列島で渡島大島と同様の現象が起きた時、果たして即時的に検知し、災害をより軽減することができるだろうか？

過去の山体崩壊や津波の発生過程の調査研究はもちろん重要だが、観測体制の整備、リスク評価など課題はまだ多く残されている。

COLUMN コラム3

堆積物から噴火を復元する

近年起きた火山噴火は、目視や観測機器による直接的な情報を得られるため、噴火様式やその推移を詳しく知ることが可能だ。歴史時代であれば古文書の記録も噴火の復元に役立つ場合がある。しかし、より古い時代の噴火や目撃者がいない噴火は、どのように復元すればよいだろうか?

そのような場合でも、噴火堆積物が記録している情報をもとに噴火様式を復元できるのではないかと考えた研究者がいた。英国の火山学者、ジョージ・ウォーカー(George P. L. Walker, 1926~2005)だ。ウォーカーはアイスランドやニュージーランドをはじめ世界中の火山を渡り歩き、地質学を基礎としつつも、それまでの記載的な考え方や手法に囚われることなく、火山現象をより物理的、定量的に表現し理解することに力を注ぎ、物理火山学(Physical Volcanology)の枠組みを構築することに貢献した。多くの火山学者を輩出し、近代火山学の礎を築いた人物の一人といえる。

ここでは、噴火堆積物を用いた火山噴火の様式の分類方法として、古典的ではあるものの、さまざまな場面で有用なウォーカーの提案に触れておきたい。彼の提案は、火砕物が降下して

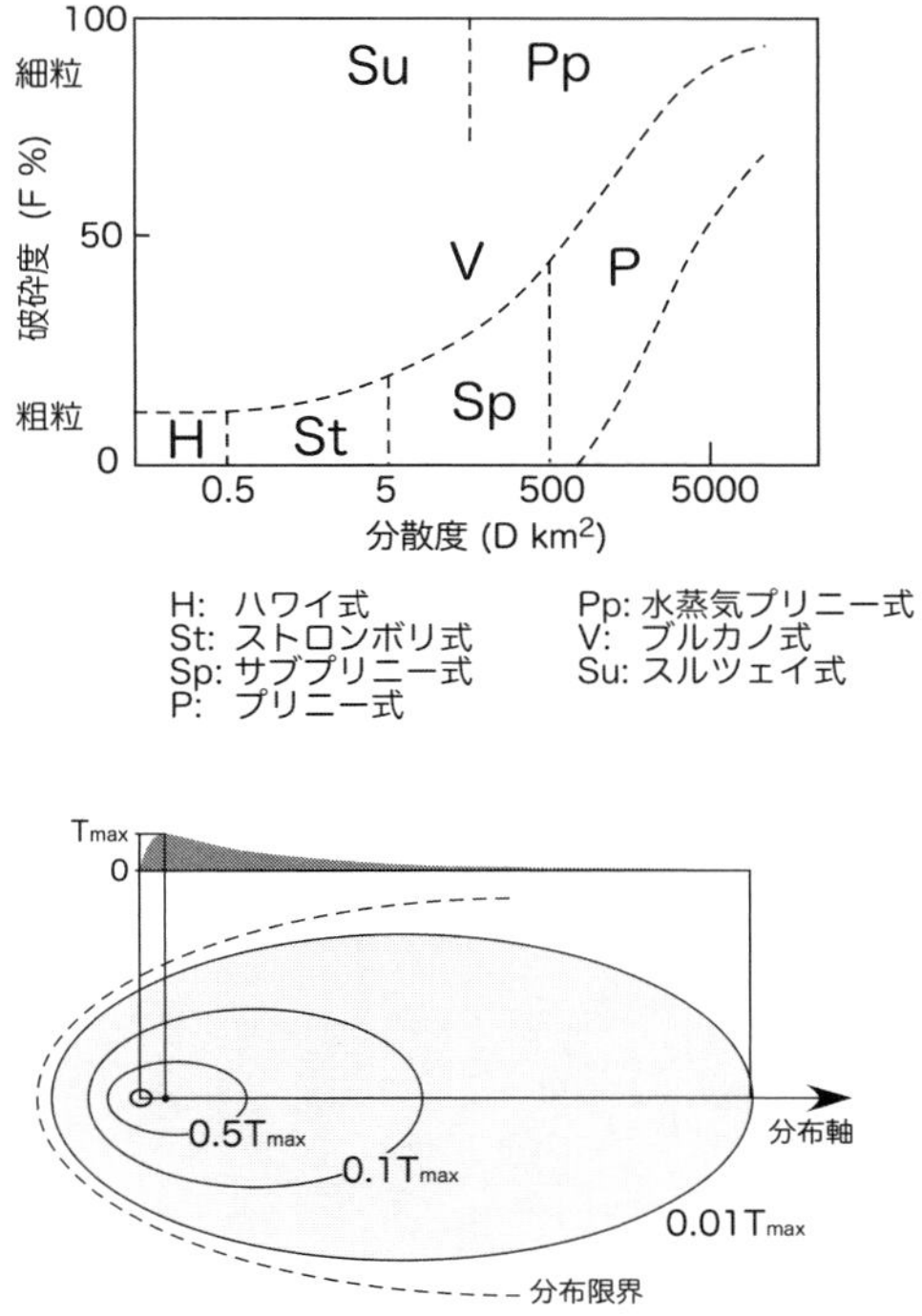

図 11-3　火砕物の分散度と破砕度をもとにした噴火様式の分類（上）と火砕降下堆積物の層厚分布の例（下）
下図で分布軸上の最大層厚を Tmax と定義する。
Walker, 1973 にもとづく（上）

形成される堆積物（火砕降下堆積物）の広がりや粒径の情報をもとに、爆発的噴火の様式を推定できるというものだ。

「破砕」と「分散」が噴火様式を決める

具体的には、ウォーカーは堆積物から得られる2種類の情報、噴出物の破砕度（F：Fragmentation Index）と分散度（D：Dispersal Index）をもとに火山噴火の様式を区分できるというアイデアを提案した（図11－3）。分散度（D）は、火砕降下堆積物の分布軸上の最大層厚（T_{max}）の100分の一（0・01×T_{max}）となる等層厚線で囲まれる面積、破砕度（F）は、0・1×T_{max}となる地点で粒径1㎜以下の火山灰が占める割合で定義される。Dが大きいほど噴出物が広域に拡散し堆積することを意味し、すなわち高い噴煙が形成されることに相当する。一方、Fが大きいほどよく破砕されて細粒物が多く生産されることを意味し、すなわち噴火がより爆発的であることに相当する。

DとFを用いることにより、ハワイ式、ストロンボリ式、プリニー式などの噴火様式を堆積物から得られる情報のみをもとに決められるというのがこの提案のポイントだ。スルツェイ式など外来水の関与がある噴火では、破砕度が高く細粒物が大量に生産されることもこの方法により整理される。

この図はウォーカー・ダイアグラムと呼ばれている。ウォーカーにより提案されたこの分類方法はシンプルではあるが、噴火現象と堆積物の特徴を関係づける斬新なアイデアで、多様な噴火様式を整理する方法として長く用いられてきた。

生き続けるウォーカーの提案

ウォーカー・ダイアグラムのDやFは、噴火現象におけるそれらの意味を考えると、他の物理量・化学量を用いても表現できそうだ。Dは噴煙の性質と密接に関係し、噴煙高度やマグマの噴出率に置き換えて考えることができる。Fはマグマが破砕されるかどうかを決める物理量や性質と関係し、マグマ中の気泡内の過剰圧やガスの抜けやすさ、粘性などのマグマ物性に関するパラメータ（第5章）に置き換えて考えることができる。

実際、ウォーカーの提案以降、それを基点としてさまざまな噴火様式の分類方法が提案されてきた。また、ウォーカー・ダイアグラムの欠点は溶岩流のような非爆発的噴火と爆発的噴火の関係を表現できないことだったが、このような問題を克服する試みもなされてきた。

例えばマグマ噴出率と粘性の関係、あるいはマグマ噴出率とマグマの発泡度や脱ガス効率の関係のもとで噴火様式を整理しようというアイデアも提案されている。一見、ウォーカー・ダイアグラムを刷新したように見えるが、基本的にはDやFの意味をより詳細に検討し、その支配要因を明確にしようと試みたものと捉えることができる。

噴火様式がどのようなパラメータと関係し、それらにもとづきどのように整理されるかという問題は、現在でも多くの研究者が興味を持ち続けていて、その基礎の一部を担っているのがウォーカーの提案といえるだろう。

火山地質学者は、噴火堆積物にもとづく過去の噴火の復元を通して火山を知ることを生業としている。フィールドに出て、まず堆積物の露頭を見つけ出し、そこで出会ったさまざまな堆積物の表情（構造、構成物の種類や粒径、組織など）からその生い立ち（噴火様式、堆積過程など）をいかに読み取るかという問題に取り組んでいる。

調査や巡検の際に噴火堆積物の露頭を前にすると、まるで自らが噴火の目撃者であるかのように、地層の成り立ちや当時起きたと考えられる現象の詳細な解説がなされ、議論が始まることがよくある。火口からの距離やそこで観察される堆積物の構造や粒径などの情報をもとに、どのような噴火だったのかを瞬時に再構築しようとする。頭の中にはウォーカー・ダイアグラムがあり、その中で噴火の位置付けを探り、関係する噴火パラメータを見出そうとしているようだ。ウォーカーの提案は、フィールドで火山噴出物データの意味を考える上でも重要な役割を担っている。

近年では噴火堆積物をもとに給源の噴火物理量の推定を行う（インバージョン）手法が高度化しつつある。堆積物の層厚や単位面積当たり重量、粒径分布データなどをもとに噴煙ダイナミクスの理論的モデルや数値計算、統計的手法によりマグマの噴出量や噴出率、噴煙高度に制約を与えるための手法の開発も進められている。ウォーカーの時代よりも進んだ方法で多様な噴火様式の原因の理解がなされようとしているが、彼の提案もまだ生き続けている。

第12章

噴火で再び無人島に

戦争から立ち直った小島、アナタハンの災禍

噴火により無人島に帰した島

日本列島の周辺には美しい景観を有し、自然豊かな火山島が多く存在する。火山活動により島が誕生して以来、そこに根付いた動植物や人間は火山による恩恵を受けてきた一方で、噴火の脅威にもさらされながら変化し、現在の姿に至っている。

時に発生する大噴火は自然環境や人間社会を大きく改変してしまうこともある。そのような例として、第10章ではカリブ海のモンセラート島での噴火と災害を取り上げた。そこでは地形が大きく変わってしまった噴火後も限られた土地を利用し、火山と人間社会が共生していく姿を見ることができた。

しかし噴火により全島民が避難せざるを得ない場合や、最悪、噴火により島民が犠牲になり無人島に帰してしまう場合もある。

伊豆諸島の青ヶ島や鳥島では過去に大噴火により多くの島民が避難したり、残された人々が犠牲になったりして有人島から無人島へと姿を変えた歴史がある。

伊豆・小笠原・マリアナ諸島の火山島や海底火山の噴火は、噴煙や津波などにより広域的にさまざまな影響や災害を引き起こす可能性もある。これらの海域火山における噴火現象の理解は、

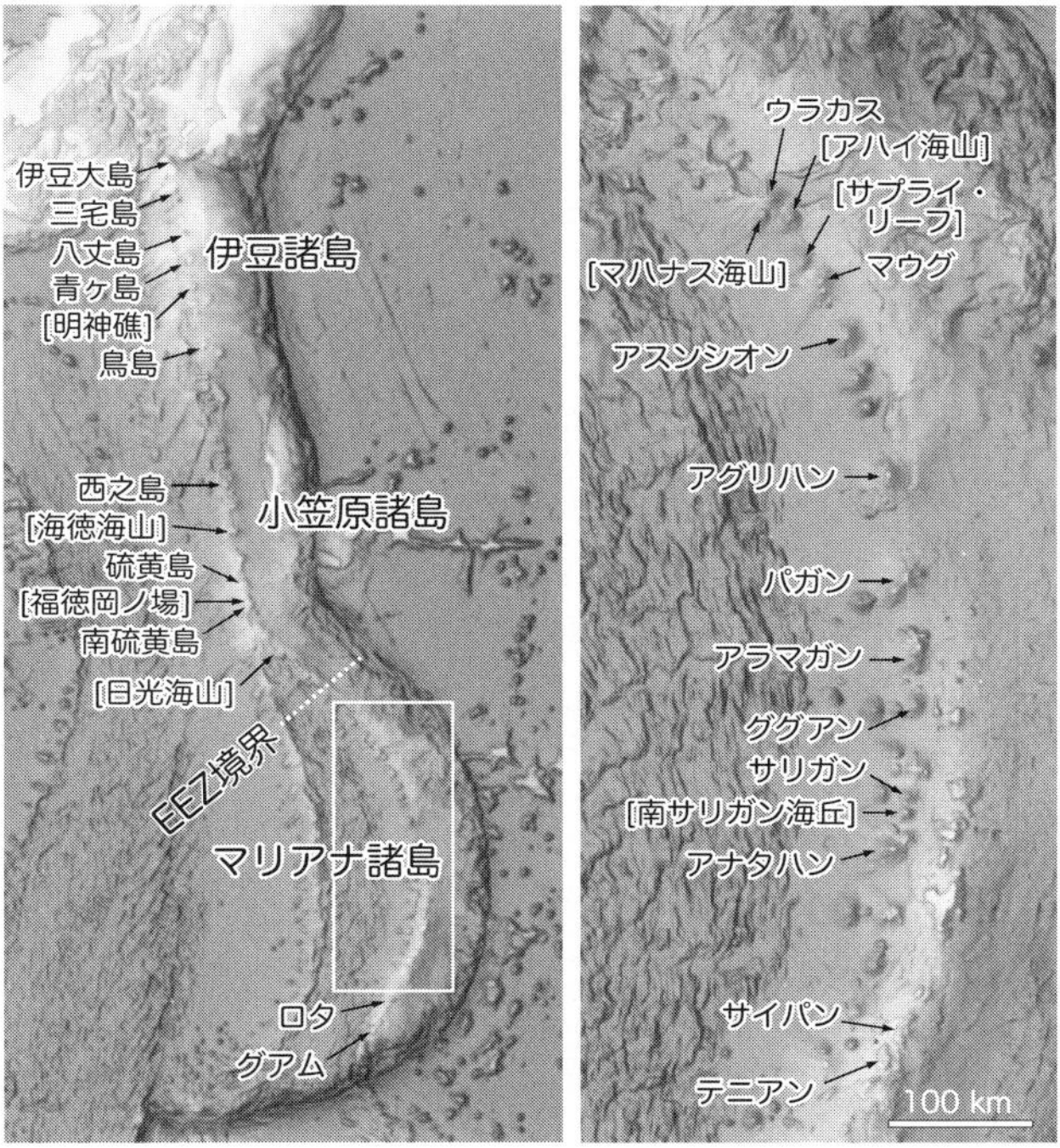

図 12-1　マリアナ諸島と各火山島の位置関係
[　] は海底火山。
海底地形図は NOAA_NCEI のデータにもとづく

日本列島に住む私たちの生活とも無縁ではない。

本章では、噴火活動により住民が島外へ避難し、無人島へと姿を変えてしまった北マリアナ諸島・アナタハン島を取り上げる（図12―1）。著者の訪問記録をもとに活動的火山を擁するこの島の姿に迫りたい。

航空路を遮断した大噴火

白い砂浜と透明度の高い遠浅の海が眼下に広がる。海底に広がる珊瑚礁がつくる起伏が太陽光に照らされ、濃淡のある青や緑の色を生み出している。この美しい海の色とは対照的に、所々に錆びた鉄の塊が沈んでいる。これらは太平洋戦争時に撃沈された船の残骸だ。地上からはわかりにくいが、ヘリコプターから見下ろすとサイパン島には今も戦争の爪痕が所々に残されている。足元に広がる珊瑚礁を抜けると水深が一気に深くなるため、海の色が群青色一色に変わる。ここから先は単調な海が延々と続く。そしてしばらく飛行を続けると遥か彼方に小さな島影が見えてくる。アナタハン島だ。

ようやく噴火がほぼ終息したあの島で、いったい何が起きていたのかを調べるために、広大な海の上をひたすら北上する。そして灰色の巨大な島がしだいに近づいてきた。

２００３年5月11日、グアムに向かうはずだった日本航空９４１便はマリアナ諸島での火山噴火のため成田空港からの離陸を断念した。噴火を起こしたのはサイパン島の北１２０㎞にあるアナタハン島だ。

長く眠っていた火山が有史初の噴火を起こしたのだ。高度10㎞を超える噴煙は北寄りの風の影響を受け、グアムやサイパンがある海域上空へと拡がっていった。

グアム、サイパンといえば日本から最も近い海外リゾート地で、１９９０年代のバブル期には年間百万人を超える日本人観光客が訪れ、ハワイと並ぶ人気を博した島々だ。その後、日本からの観光客は減少の一途を辿り、ホテル・ニッコー・サイパンも閉業に追い込まれた。現在はコロナ禍も拍車をかけ、最盛期ほどの活気は失われている。

しかしマリアナ諸島の自然や文化は魅力的で、中国や韓国をはじめアジアの他の地域や米国本土からの観光客の流れは絶えていない。航空路の遮断はこの地域の経済に大きな影響を与える可能性があるが、それは今も昔も変わりはない。

アナタハンの噴火は２００３年5月以降もしばらく継続し、マリアナ諸島の上空を通過する航空路線は欠航や航路変更などの影響をしばしば受けることになった。

噴煙に含まれる火山灰はジェットエンジンに侵入すると溶融し、その後固結することで内部を詰まらせエンジン本体に甚大な損傷を与える可能性がある。場合によっては飛行機の墜落を招く危険性も指摘されていた。

世界の9ヵ所に設置されている航空路火山灰情報センター（ＶＡＡＣ）はこのような事態を避けるために、噴火に関する情報をいち早く収集、分析し、航空機が噴煙と遭遇しないよう噴煙の高さや流向などの予測情報を発信している。

アナタハンの噴火に伴う噴煙はワシントンＶＡＡＣにより監視され、航空関係諸機関に随時情報が提供された。これによりグアム、サイパンだけでなく、マリアナ諸島付近の上空を飛行しオーストラリアやニュージーランドなど南半球に向かう航空機も、欠航や航路変更を余儀なくされたが、それはやむを得ない措置だった。

２００５年4月5日には再び大きな噴火が起こり、噴煙高度は15㎞にも達した。この時には航空路への影響だけでなく、サイパンでは一時、噴煙が太陽光を遮り、昼間にもかかわらず夜のような暗さに包まれた。アナタハンの噴火により周辺の島々にも直接の影響が出たのだ。

カルデラが広がる、火山灰に覆われた島と活発な最新火口

サイパンからヘリコプターで海の上をひたすら北上すること1時間、ようやくアナタハンが間近に迫ってきた。山頂東側からは大量の水蒸気が立ち上っていて、噴火による熱がまだ冷めやら

ないようだ。

大噴火に始まったアナタハンの一連の噴火活動がほぼ終息しつつあった2008年と2009年、著者はこの島の土を踏んだ。

2003年の噴火以降、東京大学地震研究所、九州大学、高知大学の研究者らは、アナタハンを含む北マリアナ諸島の火山観測を管轄するサイパン危機管理局と協力し、現地調査や地震・地殻変動の臨時観測を行い、噴火活動の把握に努めてきた。

著者も微力ながらこの調査・観測に加わり、島の状況を記録し、分析に必要な岩石試料の採取を行う役割を担った。

アナタハン島は東西10km、南北4km、標高790m、面積約30km²、東西に長く伸びた独特の形をしている。伊豆諸島の島で例えると、新島よりやや大きく、八丈島よりは小さいくらいのサイズだ。

山頂付近は広く平らになっていて、側方からみると台形の形状をしているが、それは山頂にフライパンのように底が平坦な凹地、カルデラが広がっているためだ。溶岩が島の基盤となり、山腹は急な斜面ばかりで、至る所に浸食谷が刻まれ、山頂とは対照的な地形をつくっている（口絵12―a）。

この島には飛行場や港はない。アクセスするにはヘリコプターや船をチャーターするしかないが、島はほとんど溶岩の海蝕崖で囲まれている。海からやって来た場合には上陸できる場所はわずかな浜に限られるが、空からアプローチした場合には上空が開けた場所さえあれば良い。

ヘリコプターはカルデラ壁上の尾根に平坦面を見つけ、ゆっくりと着陸した。着陸地点の火山灰は踏み込んでも足をとられないほど固く締まり、周辺を歩き回るのにさほど苦労はない。

浸食が進んだ場所では堆積物の断面が露出し、そこには最新噴火の推移が記録されている。噴火前の地面とそれを覆う厚いスコリア礫が堆積し、その上位には火山灰層が幾重にも積み重なっている。山頂付近では噴火堆積物の厚さはゆうに数メートルを超え、激しい噴火が長く続いたことを物語っている（図12―2）。

2003年の噴火では、準プリニー式噴火が発生し、高度10㎞を超える噴煙が立ち上がり、その後の活動では、火口に浸入した海水とマグマとの反応を伴う爆発的活動により、細粒火山灰が大量に生産された。スコリアと火山灰はこれらの噴火活動により堆積したもので、その一部は噴煙によりサイパン方面まで運搬された。

山頂カルデラの東側には、噴火前からあったすり鉢上の火口の中に2003年噴火によりさらに新しい火口が形成され、活発な噴気活動を続けている。火口縁に近づくとその火口の大きさと深さに圧倒される。

火口底にはわずかに水が溜まり、その周囲や火口壁面からは激しく噴気が出ている。火口縁で

図 12-2　アナタハン島の山頂、南縁の様子
植生はなく一面火山灰で覆われている。斜面にはガリー（浸食谷）が顕著に発達している。
著者撮影

は強烈な硫黄の臭気が漂ってくるため、ガスマスクを着用しないと長時間火口内を覗いていることは難しい。

火口直径は約1・5km、深さは海水準に相当し約300mもある。大噴火は堆積物により島の外観を変化させただけでなく、山頂火口を深く掘り下げ巨大な孔を作り、地形も大きく変えてしまったのだ。

かつての居住者たち

ヘリコプターは山頂だけでなく山腹の複数の地点を巡ったが、どこも厚い火山灰に覆われ、人間が住み着くには過酷な環境になっている。

しかし、かつてこの島は深い植生に覆われ、豊かな自然が広がっていた。そして、あえてこの島に居住した人たちと、図らずもこの島で生きることになった人たちがいた。

アナタハン島にはもともと先住民のチャモロの人々が暮らしていたが、大正期から終戦の頃まで日本人が入植し、ココヤシなどを栽培してサイパンに出荷していた。

かつて南洋群島と呼ばれたサイパンやアナタハンを含む北マリアナ諸島、パラオ諸島、マーシャル諸島など西太平洋の赤道以北の島々はスペインやドイツの植民地支配を受けた。しかし19

19年6月、第一次世界大戦に終結を与えた講和条約、ベルサイユ条約に基づき結成された国際連盟の委任を受け、日本が南洋群島を統治することになった。南洋群島は名目上は日本領ではなく日本の委任統治領だった。

これを機に南洋群島には多くの日本人が入植し、ココヤシやパイナップルをはじめ、サトウキビ栽培や砂糖の生産などの産業を興したが、その後、太平洋戦争が始まり激戦地となった。

北マリアナ諸島にはサイパンを中心に現在でもさまざまな場所に当時の日本人入植者たちの痕跡や戦争の傷跡が残されている。

太平洋戦争の最中、米国の攻撃により沈没した船から命からがら生き延びた31人の日本人がアナタハン島に漂着し、この島で生きていくことになった。そして先に入植していた日本人の中にただ一人いた女性を巡り、男たちの間で争いが起こり殺し合ったという実話「アナタハンの女王」事件により、この島の名前は広く知れ渡った。

近年の火山活動が起こるまでアナタハンは静穏な状態で、戦後、日本人が去った後もこの島には長く先住民の人々が居住していた。彼らは北西山腹のわずかな平坦地に集落を作り、生活したようだ。しかし火山活動の活発化により彼らはサイパンに移住し、この島は完全に無人島に帰したのだ。

かつては日本人も懸命に生き、戦前、戦時を通してさまざまなドラマが繰り広げられた歴史的にも興味深い島だが、それらは全て火山灰の下に埋もれてしまった。

噴火終息と新しい島のはじまり

2012年9月、著者は海洋研究開発機構の研究船によるアナタハン近海での海底調査に同行し、再びこの島に出会うことができた。噴火直後には灰色一色で噴気活動も活発だった島だが、この時にはいたって静かで、山体斜面は以前よりも多くの部分が緑に覆われていた。火山活動は完全に終息し、植生がしだいに回復しつつあるようだった。

2021年の状況を衛星写真で見てみると島の植生はさらに増していた。激しい噴気の中を見下ろした山頂東側の火口内の水嵩《みずかさ》はずいぶんと増し、立派な火口湖となっている。

亜熱帯で雨が多く気温が高い気候の中で、噴火が終息した瞬間から島の植生は急速に回復し始め、自然環境は噴火前の状態に戻りつつあるようだ。15年ほどしか経っていないものの、現在のアナタハンには私たちの訪問時とは全く異なる世界が広がっている。

アナタハンでは有史初となる噴火により、島民は遠く離れたサイパンへの避難、おそらく実際には恒久的な移住を強いられた。大規模な噴煙は近隣の島々や航空路に対しても大きな影響を与えた。

離島でのこのような規模の大きな噴火は頻繁に起こるわけではないが、伊豆諸島の青ヶ島や鳥島の事例にも見られるように、一度発生すれば人間社会を巻き込んだ大きな災害に発展する場合もある。

アナタハンには多くの人は住んでおらず、噴火による島内への影響は限定的なものだった。しかし噴火の規模によっては広域的な災害リスクが発生し得ることを私たちは忘れてはならないだろう。

衛星観測をはじめとした遠隔からの観測は、火山噴火をいち早く検知し、火山の周囲で安全を確保する上で有用な手段だ。アナタハン噴火以降も北マリアナ諸島での噴火活動の把握に重要な役割を果たしている。

しかし何が起きているかを詳細に知るためには、実際に現地に赴き調査観測を行うことが欠かせない。噴火を即時に把握し、その後の活動を予測するためには、遠隔だけでなく近傍も組み合わせた調査観測をいかに迅速に実施できるかが、とくに離島火山の噴火の際には重要になる。

日本国内を見てみると、遠隔観測を活用した火山活動の監視、噴火の把握のためのデータの量や質は着実に向上している。しかし、とくに近年噴火が目立つアクセスが困難な離島火山については、モニタリング技術や迅速な調査観測方法の開発、それらを活用した実践においてはまだまだ多くの課題があり、今後の研究の進展が期待される。

第13章

海域火山の密集地帯で何が起きているのか

北マリアナ諸島

繰り返される海域での噴火

日本列島の活火山は、伊豆七島など多くの居住者を抱える島嶼地域にも存在する。伊豆大島1986年噴火、伊豆東方沖1989年噴火、三宅島2000年噴火などに見られるように、これらの海域での火山島や海底火山の噴火は、規模によっては深刻な災害や社会的影響を引き起こすことがある。しかし幸いなことにそのような事態はしばらく発生していない。

一方、西之島や福徳岡ノ場での大規模噴火（2020年、2021年）、硫黄島沖での噴火（2022年、2023年）、海徳海山や明神礁での変色水の発生（2022年、2023年）、孀婦岩《そうふがん》近海での地震火山活動（2023年）などに見られるように、最近、私たちの日常生活から遠く離れた海域では噴火や火山活動の活発化が目立っている。

直接の被害が限定的なためか、このような海域での噴火の脅威は実感しにくいかもしれないが、災害のリスクは日本列島のさまざまな場所に存在している。

遠隔の火山だからといって私たちの日常と全く無関係かというとそうでもない。福徳岡ノ場で発生した漂流軽石が沖縄をはじめ太平洋沿岸の港湾施設を使用不可能にした例（第3章）や、アナタハン島から発生した噴煙が航空路を遮断した例（第12章）に見られるように、噴火の場所、規模や様式によっては人間生活にも大きな影響が生じる場合がある。また、孀婦岩近海での地震火山活動により発生した津波は、日本列島の太平洋沿岸の広い地域で数十cm以上の波高が観測され、津波注意報も発令された。

海域火山は陸上火山と比べて活動状況の把握や噴火履歴の解明が難しく、個々の火山の特徴が不明だったり、海底での噴火メカニズムについても未知の部分が多い。そのため、さまざまな海域で発生する火山噴火の観察・観測データや噴出物の分析データを蓄積し、噴火現象の理解を進めることが重要だ。そのことはひいては現在の火山活動の評価や将来の噴火予測にもつながっていく。

前章で北マリアナ諸島のアナタハン島を取り上げたが、この地域は頻繁に噴火を繰り返している活動的火山が多く存在し、地球上でも有数の海域火山地帯だ。火山島の成長と変化、噴火現象を理解する上で格好の材料を提供する。本章ではマリアナ諸島のアナタハンより北に広がる海域で起きている火山活動を見ていこう。

マリアナ最北端の島を目指し出発

2008年6月下旬、2週間分の食料と水、調査用具や観測機器を積み込んだ一隻の小さな漁船が静かにサイパン島を出発した。

マリアナ諸島は台風の巣ともいえる場所に位置し、過去には甚大な台風災害が繰り返し発生している。台風はこの航海の懸念材料のひとつでもあった。これから2週間、好天に恵まれ、海が静かなことを祈りつつ、調査隊はいくつかの島を経由し、マリアナ諸島北部に位置する孤島「ウラカス」を目指した。

東京の南方には伊豆諸島を構成する伊豆大島、三宅島、八丈島、鳥島、さらに小笠原諸島の西之島、硫黄島、福徳岡ノ場などが続き、多くの活火山の島と海底火山が南北に整然と並んでいる。日本最南端の活火山は日光海山と呼ばれる海底火山で、福徳岡ノ場からさらに南へ160㎞、東京からは約1380㎞南に位置する。

しかし活火山列はここで途切れるわけではない。日本のEEZ（排他的経済水域）を越え、さらに南に1000㎞以上、マリアナ諸島へと続いていく。そのマリアナ諸島の最北、日本に最も近い島がウラカスだ。

マリアナ諸島の火山島や海底火山は見事なまでの弧状の配列を示す（図12―1）。この伊豆諸島、小笠原諸島（別名、無人（ぶにん、訛って「ぼにん」）島）、マリアナ諸島を含む南北約2500㎞におよぶ長大な活火山列はそれぞれの地域の頭文字を取りIBM（Izu-Bonin-Mariana）弧とも呼ばれ、火山噴火だけでなく、地球表面を覆っているプレートの運動、上部マントルでのマグマの生成、大陸地殻の形成過程など、地球科学の重要課題の理解において古くから研究者に注目されてきた地域でもある。

マリアナ諸島のうち南端のグアムを除く島々を北マリアナ諸島と呼ぶが、地図（図12―1右）を見るとこの地域の島々は二重に弧を描くことに気づく。

グアム、ロタ、テニアン、サイパンを含む東側の島列は、3000万年以上遡る古い時代の火山とそれを覆う石灰岩が隆起してできた島々からなる。どの島も現在は平坦面が多く、周囲には珊瑚礁が発達し、火山の面影はほとんど残されていない。

アナタハンを含む西側の島列には活火山が並び、火山フロント（島弧の海溝側にできる火山の分布限界線）を構成している。最北の火山島はウラカスで、サイパンからは北に約600km、日本列島最南端の活火山、日光海山から南東に約400kmの位置にある。

ウラカスから南には、マウグ、アスンシオン、アグリハン、パガン、アラマガン、ググアン、サリガンの島々が順に並び、ようやくアナタハンが現れ、さらにその南にサイパンが位置する。これらの島の間には海底火山もあるため、火山の数は島の数よりも多くなる。

マリアナ諸島は地球上で最も火山活動が活発な地域の一つだが、多くは絶海の無人島だったり海の中にある。そのため活動履歴がよくわかっていない火山も多く、突然の噴火により驚かされる。2003年に有史初の噴火を起こしたアナタハンもそのような火山の一つだ。

アナタハンで先にヘリコプターにより調査を行っていた著者は、この島唯一の砂浜がある北西岸でサイパンから漁船でやってきた他のメンバーと合流した。アナタハンより北に連なる島々を訪れるには、燃料輸送にとても手間がかかるためヘリコプターを使うことは難しくなる。アナタハンで必要な調査観測を終えた調査隊は、ここから先、漁船のみで一路、200km北にあるパガン島を目指した。

パイナップルの島、パガンへの上陸

パガン島は北東—南西方向に伸びた形の島で、長径は16km、2つの火山から成る。北側の火山体は海岸まで続く緩やかな裾野を広げ、西端には小さな湾と砂浜ができている。船はこの湾内にゆっくりと進み、停止した（図13—1）。

目の前には黒い砂浜が広がっている。海岸も含め、なだらかな地形が多い。急峻な斜面に囲まれ、浸食谷が多く発達したアナタハンとは全く異なる景観だ。

島の北側を占めるパガン山は標高570m、マリアナ諸島の中で最も活動的な火山の一つだ。近年もたびたび噴煙を上げている様子が人工衛星や周辺を航行する船から確認されている。1981年の噴火では大量の火山灰の噴出と溶岩流出があり、住民の多くがサイパンへ移住した。

図 13-1　パガン島上陸地点
砂浜が広がり、背後にはパガン山が見えている。
著者撮影

調査に同行した現地スタッフによると、パガン島には現在でもわずかな人たちが居住しているようだ。スタッフが先に泳いで上陸して彼らに挨拶をし、船外機付きのボートを借りてきた。このボートを使い私たちは容易に上陸することができた。

内陸に向かうと小さな掘っ建て小屋が見えてくる。この島の居住者の家だ。彼らに会いに行ってみると快く迎え入れてくれた。5人家族で、島に住んでいるのは彼らだけのようだ。

ソーラー発電により電気を賄い、雨水を使い生活しているという。生活に不自由もありそうだが、実際はそうでもないらしい。この気候のもとでよく育つ果実類がある。そしてかつて島に持ち込まれた家畜が繁殖し、内陸に行くと1000頭以上の牛がおり、タンパク質には事欠かないようだ。一見すると現在は静かで自然豊かな島に見えるが、人間の手によりだいぶ改変が進んでいることに気付かされる。

パガン島も北マリアナ諸島の他の島と同様に、戦前から日本人が入植し椰子《やし》やパイナップルの生産が盛んに行われていた。日本が統治していた1930年代には飛行場や海軍の基地が建設されるなど、当時、マリアナ諸島の中でも軍事的に重要な拠点になっていた。

その面影は現在も島の所々に残っている。内陸まで進むと平原が広がっているが、そこはかつての滑走路だ。滑走路の半分ほどは1981年の噴火の際に溶岩に埋まってしまったが、その脇には零戦と爆撃機の残骸が放置されている。そして飛行場や海軍基地の建設に携わりながらもこの島で亡くなっていった人々の殉職碑が海岸付近に建てられている。

パガン島は数十年おきに噴火を繰り返している。1910~1920年代にたびたび噴火が起き、日本人による噴火の記録も残されている。当時は「火柱」をあげるような、爆発的噴火が起きていたようだ。大きな人的被害の記録はないが、入植していた居住者は溶岩流や降灰に悩まされたに違いない。

このような離島でかつて多くの日本人が懸命に働き、火山と共生していた様子を想像することは簡単ではないが、そこは活火山と日本による統治の歴史が凝縮された場所であり、現在の島の姿もその上に成り立っている。

１９８１年の噴火により使用不可能になってしまった飛行場を訪れると、そこには黒々とした、厚さ５ｍはあろうかという溶岩が広がり、その末端部が壁のように立ちはだかっていた。表面は新鮮なクリンカーで覆われ、まだ植生はほとんどついていない。およそ30年が経過しているが噴火の痕跡はまだまだ新しい。

私たちはこの溶岩をはじめ、北パガンを構成するいくつかの岩石を採取した。そして突然の訪問者を快く迎え入れてくれた家族からお土産にパイナップルを２つもらい、この島を後にした。

成長中の島、「鳥の岩」ウラカスへ

パガン島を後にした船はさらに北方の島々、アグリハン、マウグなどを経由して岩石試料採取や測地観測を行いつつ、北マリアナ諸島最北かつ日本列島に最も近い火山島、ウラカスを目指した。

パガンとウラカスの距離は２８０㎞。船速が10ノット（１ノットは１時間に１海里＝１８５２メートル進む速さ）なので最低でも15時間程度はかかる。幸いにも好天が続く中、大海原をひたすら北上すると、ようやく黒々とした火砕丘が聳える火山島が見えてきた。

ウラカスはスペイン語でFarallón de Pájaros（ファラリョン・デ・パハロス）、「鳥（パハロス）の岩」を意味し、海鳥の楽園としても知られている。直径2㎞ほどの大きさで、北マリアナの他の島々と比べて小さいが、この海域では最も活動的な火山だ。

小笠原諸島の西之島と同程度の面積だが、標高は319mと現在の西之島より100mほど高い。19世紀以降、噴火を繰り返すことで島の中央には対称性の高い円錐形の火山体を成長させてきたようだが、北側はスプーンでえぐられたような地形となっていて、島のかたちはややいびつだ。かつては「西太平洋の灯台」とも呼ばれ、頻繁に噴火を繰り返していた。そのためか、これまで定住者がいたという記録はなく、無人島として成長し変化を続けてきた。

日本統治時代、日本本土からサイパンへ向かう船は伊豆・小笠原諸島を経由し、ウラカス近海を航行した。

1920年代にサイパンでの製糖業により発展した南洋興発株式会社の記録には「波上に孤立した富士型の千尺足らずの有名な間歇《かんけつ》火山であって、時々猛烈な黒烟火柱と共に砂を噴き上げ、其の附近を航海中の船の上まで砂を降らせることがある」との記述がある。地中海の灯台と呼ばれるストロンボリ火山を彷彿とさせる活発な噴火が、この頃断続的に発生していたのだろう。

島内でのマグマ噴火は1953年（海底の側火山では1967年）以降発生していないが、現在も噴気活動はあり、いつまた噴火が再開してもおかしくない。

図 13-2　ウラカス島
北側から見た基盤溶岩と火砕丘（標高 319m）の様子。
著者撮影

私たちはウラカス沖に到着後、島を1周し海岸の状況を確認した上で、南側と北側から上陸調査や測地観測を行うことになった。この島にはわずかな砂礫浜があるものの島のほとんどは溶岩が基盤を成し、上陸して広く調査するには瀬渡しで船から岩場へ飛び移らなければならない（図13―2）。

かつてこのようなマリアナ諸島の調査での瀬渡しの際に、バランスを崩しサメもいるであろう海に落っこちた教授の話を聞かされると（幸いにも無事だったそうだが……）、慎重にならざるを得ない……大丈夫、著者には経験がある（第4章参照）。

島の内陸部、山腹から山頂にかけて

の調査は一日がかりだ。山頂に到達するためには上陸地点から何枚かの厚い溶岩を乗り越え、その後は火砕丘をひたすら登る必要がある。溶岩やスコリアで覆われた、ほぼ安息角に近い急斜面を苦労して登ること約2時間半、ようやく山頂が見えてきた。

山頂に立つと視界が一気に開け、直径約２５０ｍの巨大なすり鉢状火口が口を開けていた。火口底まで断崖が続き、所々に噴気活動の痕跡と思われる硫黄が析出した箇所が確認できる。この日は噴気活動が弱く、火口底が見えるほど穏やかで、澄んだ青い空を背景に雄大な景観を作り出していた。

島全体を見渡すと、背の高い樹木はほとんど見当たらず荒涼としている。山体斜面には植生がまだほとんど付いていない黒々とした溶岩が広く分布しているが、これは１９５２年噴火により流出した溶岩流だ。この島の植生が全体的に貧弱な理由は、度重なる噴火により地表面が次々と噴出物に覆われ、植生が発達しにくい環境が続いているためかもしれない。

調査中、海鳥たちにも出会った。島の名前の通り、彼らにとっても重要な拠点となっているようだ。

このようなウラカスの火山地質とそこに広がる自然の姿は、どこかで見たことがある。そう、西之島だ。溶岩流出とストロンボリ式噴火により火砕丘を形成し島が成長していく過程は、まだまだ成長中の活発な火山であることを物語っている。

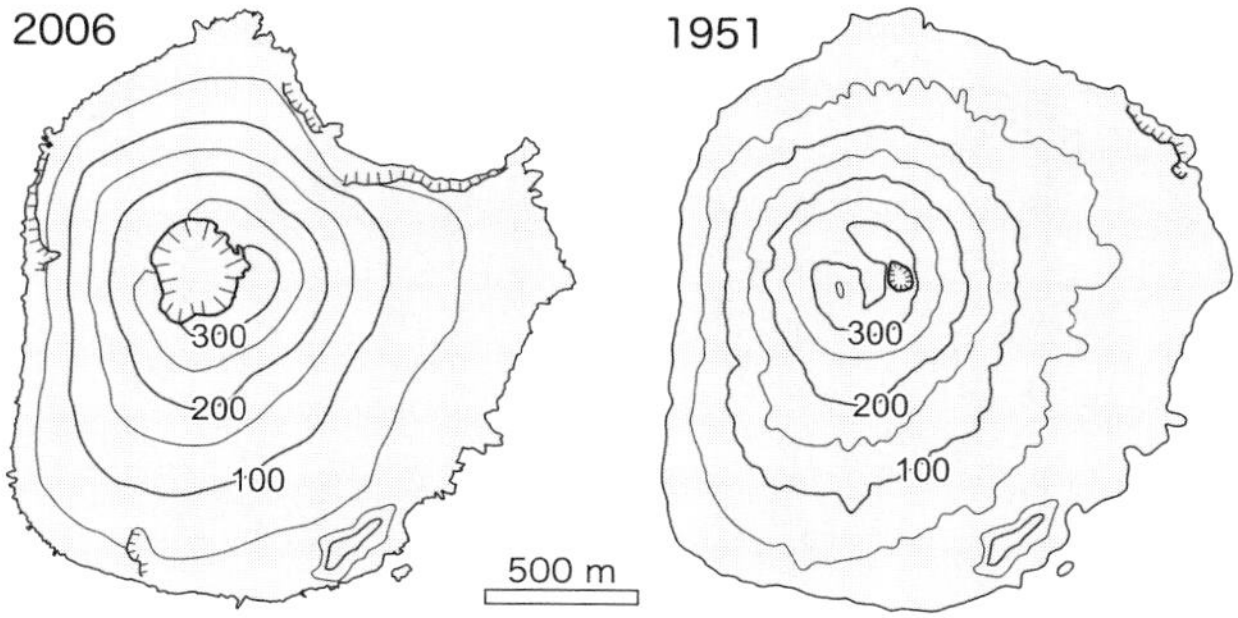

図 13-3　2006 年と 1951 年のウラカスの地形図の比較
2006 年時は北東側の山体がえぐられたような形状を示している。
2006 年地形図：Google Earth および OpenStreetMap の情報をもとに作成。1951 年地形図：US Army Map Service の地図をもとに作成

ウラカスの北側にはスプーンでえぐられたような地形があるが、これは山体崩壊の痕跡と考えられる（図13―3）。興味深いことに、１９５１年の地形図や１９５３年に米軍により撮影された航空写真を見ると、山頂の標高は現在とほとんど同じだが、なんと島の北側に崩壊の痕跡は見当たらず、島のかたちは丸みを帯び、現在とは明らかに異なっている。つまり、山体崩壊は１９５３年以降に起きたと考えざるを得ないのだ。私たちの調査でも北側斜面が古い時代にできた証拠は見出せなかった。

１９５２～１９５３年の噴火では、山体崩壊や津波が発生したという記録は残されていない。しかし、非常に隔絶された場所であるため、広域に大きな影響を及ぼさない程度の崩壊イベントが人知れずに起きた可能性は十分考えられる。噴火が

関係したかどうかはわからない。

ウラカスの活動履歴はよくわかっておらず、山体がいつ海面上に姿を現したのか、いつ崩壊が起きたのかを知ることは残念ながら難しい。しかし西之島がわずかな期間で標高を100mも200mも一気に増加させている姿を見ると、ウラカスが小さな島だった時代もそう遠い昔ではないかもしれない（口絵13—a）。そして山体を成長させるだけでなく崩壊も起こしながら島を徐々に大きくし続けているに違いない。

将来、灯台のように間欠的に火を噴くような噴火が再び起こるのだろうか。洋上に浮かぶウラカスが夕焼けの中でしだいに小さくなっていく様子を静かに見届けながら、私たちはサイパンへの帰路についた。

パガンやウラカスに見られるような北マリアナ諸島の活動的火山には、かつてのスペインやドイツによる植民地時代、日本による統治時代を通して、火山近傍に人間社会が作られ、噴火の影響を直接受けるような状況が生じていた。しかし現在ではこれらの島の社会的、政治的位置付けは大きく変わり、また、規模の大きな噴火がきっかけとなり、ほとんどの火山島は無人島に帰してしまった。

しかし2003年のアナタハンの噴火など近年の噴火に見られるように、大規模な噴煙に伴う火山灰や海域噴火に特徴的な津波や漂流軽石などによる広域的な災害が起こるリスクは決して減少したわけではない。この地域の火山活動の監視、観測は依然として重要なことに変わりはない。

海底火山の巣

北マリアナ諸島には海底火山も多く存在し、とくにウラカス周辺には活動的な噴火口や火山体が集まっている（図12―1）。ウラカスの南西約10㎞にはマハナス海山と呼ばれるウラカスの側火山に相当する海底の高まりがあり、水深640mに火口が存在する。1967年3月、このマハナス海山の海底火口から噴火が発生した。

また、ウラカスから南東18㎞にあるアハイ海山は水深75mに火口がある。最新の噴火活動は2022年11月から2023年6月にかけて発生し、2024年現在も変色水が湧出するなど活発な状況にある。

さらにウラカスと南隣の火山島マウグとの間にはサプライ・リーフと呼ばれる水深がわずか10mにも満たない岩礁があるが、1969年と1989年にこの周辺での噴火が確認されている。マウグもクラカタウ火山（インドネシア）やフンガ火山（トンガ）を思い起こさせるような水没したカルデラを有し、大規模噴火を発生させる可能性を秘めた危険な火山だ。ただしマウグの噴火履歴はほとんどわかっていない。

このように北マリアナ諸島には海面上まで成長し立派な島として存在する火山だけでなく、海面下にも活動的火山が存在し、しばしば噴火を起こしている。そのうちのいくつかは浅海まで山体を成長させていて、将来、噴火により火山島を形成してもおかしくはない。

この地域にはまだよく調べられていない海底火山も多く存在する。２０１０年にはアナタハンから北北東にわずか25㎞、サリガンとの間にある南サリガン海丘で突如噴火が起こり、海抜12㎞にも達する噴煙が形成された。火口は水深１８７ｍとかなり深い場所だったにもかかわらず、ジェットが海を突き抜け、大規模な噴煙が立ち上がった。噴煙は北風の影響を受けグアム方面へ流れ、ワシントンＶＡＡＣが警報を発したものの大事には至らなかった。このような噴火がこの場所で起こることは、おそらく誰も予想していなかっただろう。

先のマウグも含め、海底火山にはじつは活動的火山かもしれないのに噴火履歴がよくわかっておらず、現在の活動の状況が未知のものが多くある。そのような火山の実態を明らかにするとともに、突発的噴火への対策を講じることも重要な課題だ。

海底火山の噴火は、変色水や漂流軽石、海を突き抜けた噴煙など、表面現象が観測されることにより検知される。しかし水深が深い場合など、必ずしも現象が海面上に現れないこともある。そのような噴火でもハイドロフォンにより爆発に伴う音波が捉えられ、噴火の発生が検知されたり、潜航調査中に予期せず海底噴火が発生している現場に遭遇し、初めて噴火が起きていることが認識されたりする例もある。

　先述のウラカス周辺で起きた海底噴火の事例や2021年8月の福徳岡ノ場の噴火の際には、南鳥島（東京から1800㎞南東に位置する日本最東端の島）のさらに東南東1400㎞に位置する米国の環礁、ウェーク島に設置されているハイドロフォン観測網で水中音波が捉えられ、その情報をもとに発生源の位置を特定することで海底噴火が発生したと判断されている。

　海底火山での噴火発生の検知、噴火現象の推移の監視・観測は、災害軽減上、非常に重要だ。マリアナ諸島の火山観測は、米国地質調査所（USGS）による協力のもと、サイパン危機管理局が行ってきた。しかし残念ながらその体制は脆弱で、常時あるいは緊急時の火山調査観測については多くの改善の余地が残されている。

　この海域での遠隔観測も併用した火山の監視・観測体制の強化は喫緊の課題だが、多くの海底火山や火山島を抱えた伊豆小笠原諸島、南西諸島など日本列島も同様の問題を抱えている。海域火山の調査観測や有事の際の対策をできる限り進めることが望まれる。

第14章

岩屑なだれ・津波・カルデラ崩壊——火山噴火が生み出す破壊的な表面現象

海域火山の破壊やそれに伴い発生する現象として、山体崩壊、津波、カルデラ陥没などが挙げられるが、これらはいずれも一般には発生頻度は高くないとされ、地球科学や火山学の教科書の中でも脇役的に扱われることが多い。しかし一度発生すると甚大な災害を引き起こすことは過去の事例を見れば明らかで、このことは本書の中でも述べてきた通りだ。

最終章では山体崩壊、火山性津波、カルデラを形成するような大規模噴火がどのような現象なのか、またどのような課題があるかについて、これまで述べてきた内容も交えながらみていこう。

山体崩壊と岩屑なだれ――最も多くの犠牲者を出してきた現象

富士山のような成層火山体は裾野が広大で、一見安定して存在しているようにみえる。しかし山体の構成物は火砕物や溶岩で、これらが幾重にも積み重なっているため全体としては不均質かつ多孔質の構造となっている。

そのため山体表層付近は雨水の浸透などにより風化変質を被るだけでなく、山体内部では帯水層が発達したり、マグマや流体が貫入すれば熱水変質が進んだりして、山体全体として弱化が進行しやすい状態にある。火山ごとに程度は異なるが、火山体は常に変質作用を被り、徐々に脆弱化していくという性質を持っている。

「山体崩壊」は、山体構成物の脆弱化に起因し、とくに中型〜大型の成層火山体で発生しやすいと考えられてきた。しかし、アナク・クラカタウ火山の例（第6章）をはじめ、世界のさまざまな事例を見てみると、若い火山体であっても条件さえ揃えば崩壊に至る場合がある。崩壊量は小規模なもので1㎦以下、大規模なものでは数百㎦に及ぶこともある。山体崩壊により、崩壊物は岩屑なだれ（debris avalanche）として火山体周囲に広がり堆積するが、流路にあるものはほとんどがなぎ倒され堆積物の下に埋もれてしまう。山麓の広範囲に火山体の残骸である多数の地形的高まり（流れ山）が形成され、給原には崩壊地形ができる。世界には多くの崩壊事例があるが、いずれも特定の方向に馬蹄形に開いた崩壊地形とその下流域に流れ山が存在し、それらが山体崩壊の発生の根拠となっている。このような地形的な特徴は海底での斜面崩壊が起きた場合にも共通する。

一方で明瞭な流れ山地形が形成されないこともある。例えばラスタリア火山（チリ）で発生した山体崩壊では、流れ山が形成されない代わりに堆積物末端での高まりや堤防状地形など、火砕流堆積物によく見られるような地形が形成された。こうした例は、山体崩壊では場合によっては崩壊物の細粒化が急速に進み、火砕流と同じような挙動をとることを示している。

山体崩壊の要因

山体崩壊の要因として、（1）マグマや熱水（流体）の山体浅部への上昇などに伴う山体内部からの加圧・破壊の進展、（2）火山性または非火山性の地震や地殻変動など外的な要因による応力状態の変化、（3）風化・熱水変質作用による長い年月をかけての山体強度の低下などが挙げられる。これらの要因が複合的に関与する場合もある。とくに古い時代の事例については、マグマ活動と非マグマ活動のどちらが直接的に崩壊現象に関与したかを厳密に決めることが難しい場合が多い。

山体崩壊が近代的火山観測網により捉えられ、その脅威が初めて認識されたのは1980年のセントヘレンズ火山（米国）でのイベントだ。このイベントは先の山体崩壊要因の候補のうち（1）に相当し、マグマ貫入に伴う浅所での破壊の進展が引き金となり、標高2950mの火山体が大崩壊を起こした。その結果、岩屑なだれの発生とともに馬蹄形の巨大な崩壊地形が生まれ、標高は2550mまで減少した。崩壊量は2・5～2・8㎦に達し、周囲への影響も極めて甚大なものだった。

特筆すべき点は、単に山が崩れるだけでなく、崩壊に伴い浅所に貫入していたマグマが急減圧を受けて爆発的に膨張し、既存山体とマグマが一体となり莫大な運動エネルギーをもって一気に噴出したことだ。

その結果、岩屑なだれのみならずブラスト（爆風）が発生し、山体北側の広大な地域を破壊した。さらに山体荷重が取り除かれたことにより、減圧されたマグマが引き続き上昇しプリニー式噴火に移行したのだ。このイベントは、山体崩壊が時にはマグマの動きと密接に関係し、大爆発を引き起こす非常に危険なものであることを示した。

多くの事例がある日本列島

日本列島では、活火山を含む多くの第四紀火山で山体崩壊の痕跡（馬蹄形地形、岩屑なだれ堆積物）が確認されている。

富士山も例外ではない。富士山の東側で約２９００年前に発生した山体崩壊では、東麓には御殿場岩屑なだれ堆積物（約１㎦）が、その二次移動により御殿場泥流堆積物（約０・７㎦）が広範囲に堆積した。崩壊物には著しく変質した古富士火山の噴出物が多数含まれることから、地震または水蒸気爆発を引き金にして、古富士火山の変質した堆積物内に滑り面が形成され、山体崩壊が発生したと考えられている。

鳥海山の約２５００年前の山体崩壊に伴う象潟《きさかた》岩屑なだれ堆積物や、浅間山の約３万年前の山体崩壊に伴う応桑《おうくわ》岩屑なだれ堆積物など、数千年から数万年の時間スケールで日本国内の活火山全体の噴火履歴を概観すると、山体崩壊はそれなりの頻度で発生している。

山体崩壊は一般に低頻度の火山現象と捉えられがちだが、それは正しい表現ではないかもしれない。17世紀から19世紀にかけては、北海道駒ヶ岳、渡島大島（第11章）、雲仙眉山、磐梯山で山体崩壊が発生し、多くの犠牲者が出ている（図14―1）。

山体崩壊による災害の規模が他の現象による災害の規模よりも圧倒的に大きいのはなぜだろうか？　これは山体崩壊が突発的に発生する場合が多いことや、広域にわたり崩壊物質によるダメージが生じるためと考えられる。とくに北海道駒ヶ岳、渡島大島、雲仙眉山の事例に見られるように、海域・臨海域での山体崩壊では大量の崩壊物が海へ流入して津波が発生し、これが被害を拡大する要因になっている。

日本列島のような島弧は、山体崩壊そのものだけでなく津波との複合災害が発生しやすい環境にあることを忘れてはならないだろう。

山体崩壊にどう備えるか

山体崩壊に対して私たちになす術はないのだろうか？　これは難しい問題だが、災害にどう備えるかの観点からは、事前のリスク評価と即時検知が重要ということはいえるだろう。ただし現在確立された手法があるわけではない。まずは過去事例の詳細な復元と現象の解明が将来のリスク評価のためには必要だ。

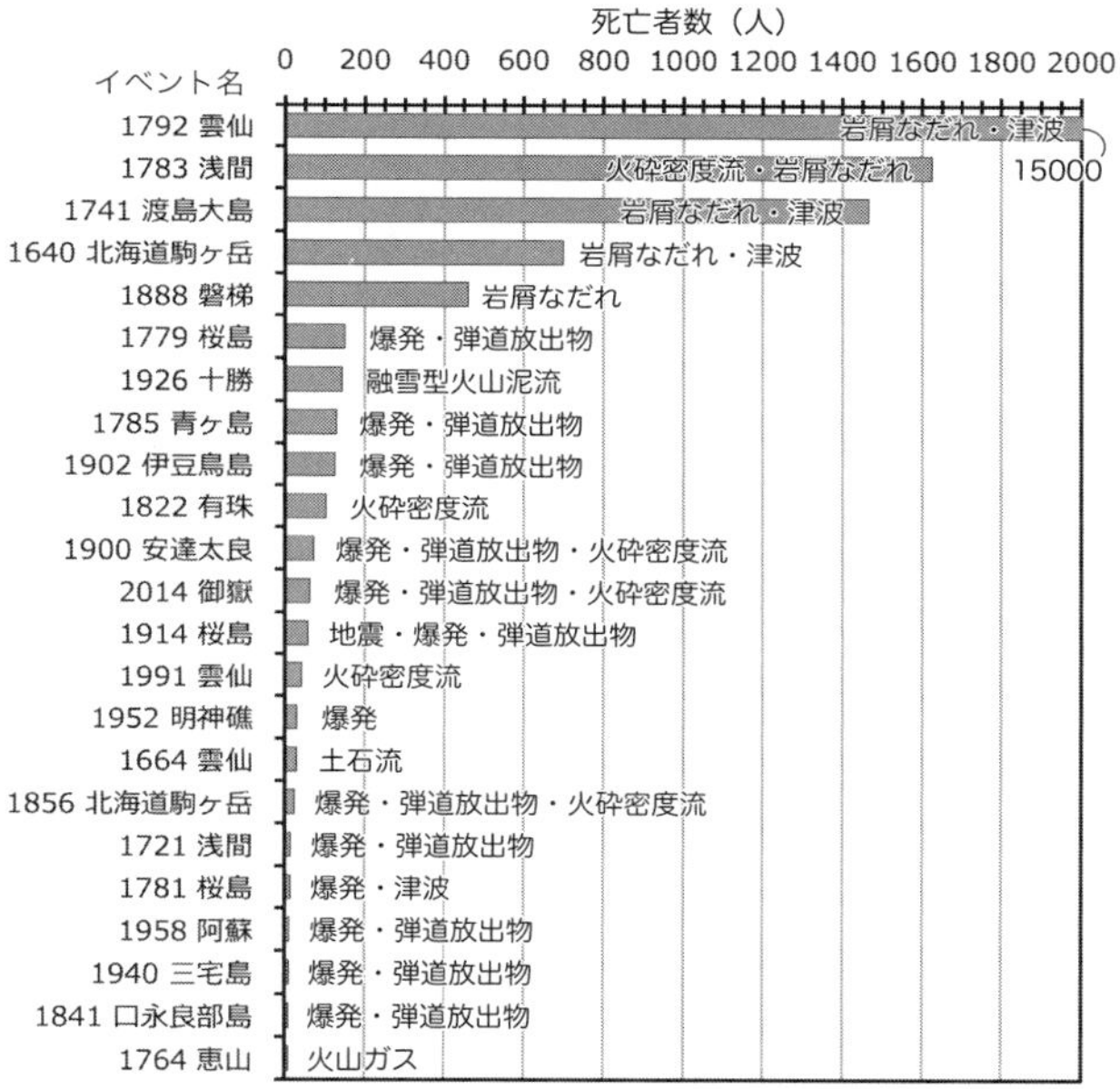

図 14-1　17 世紀以降の、日本国内において犠牲者が多かった火山噴火イベント

棒グラフの右に、それぞれの主な災害の原因を付している。上位はいずれも岩屑なだれや津波による。

気象庁のデータをもとに作成

過去の山体崩壊の復元には地質学が威力を発揮する。崩壊地形や岩屑なだれの分布・体積・構成物などの地質痕跡は、山体崩壊のプロセスや影響範囲を明らかにし、どのような災害リスクがあり得るかを知ることに着実に貢献する。

また過去事例の復元にもとづき、崩壊（地形変化）を再現する土砂移動やそれに伴う津波発生の数値モデルを構築、さらには高度化することも重要だ。その上で想定される崩壊シナリオに対して、崩壊量や土砂の移動経路、流域の推定、津波の規模や到着時間の予測などを行うことは現在の技術で十分可能と考えられる。

崩壊ポテンシャルの評価は最も難しいが、例えば火山体の表面や内部に存在する変質域・脆弱部の発達の程度や分布を、物理探査により明らかにすることができれば評価に活用できるかもしれない。また、マグマや流体（熱水）の貫入時や周囲での強い地震や地殻変動の際に、山体内部の応力状態がどのように変化し、どのような場所から崩壊が起こりやすいかなどをシミュレーションにより評価することは可能かもしれない。

第6章でアナク・クラカタウの崩壊とそれに伴う津波を取り上げた。じつはこの火山での山体崩壊や津波の発生の可能性がフランスの研究者らによって事前に指摘され、スンダ海峡での山体崩壊とそれに伴う津波のシミュレーションが行われ、沿岸への津波の影響の評価が行われていたことは注目に値する。残念ながらその結果を活用した事前対策が行われることはなかったが、この例のように崩壊の可能性がありそうな火山に対して、事前にリスク評価を行うことは重要だろう。

崩壊現象の即時検知については、崩壊による地表面・海面の変位や地震動を観測によりいかに早く捉え、警報に繋げられるかが鍵だろう。島嶼域の活火山では、観測網の整備に加えて津波計を用いた観測システムの構築により、検知能力を増強する必要がある。

山体崩壊は他の火山現象と比べて低頻度といえるかもしれないが、地球上での発生頻度や規模を考慮すると、私たちが想定している以上にリスクが高い火山現象ではないだろうか。アナク・クラカタウなど近年の事例は、山体崩壊のプロセスそのものの理解だけでなく、それが引き起こす災害に対しても重要な示唆を与えている。国内の山体崩壊研究やリスク評価の現状を見直し、今後の研究の方向性や対策について、あらためて考える機会が訪れているように思える。

津波——不意をつき、広域的な影響を及ぼす現象

火山活動に伴い発生する津波の事例をこれまでいくつか紹介してきたが、発生要因としては既存地形を大きく変化させる現象か、水面を直接大きく変動させる現象に大別でき、以下のように複数挙げられる（図14—2）。地形を変化させる主な現象としては（a）陸上での山体崩壊に伴

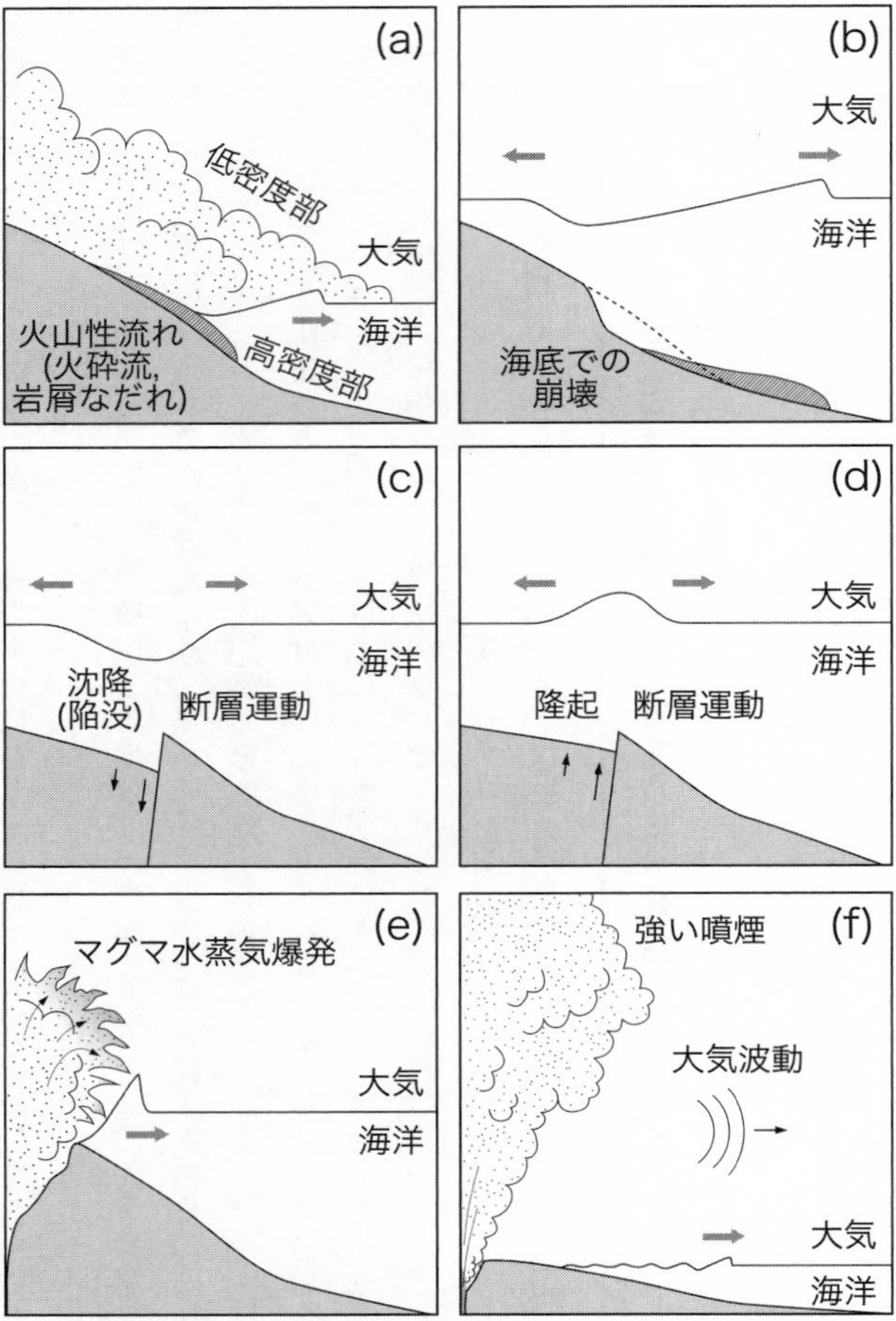

図 14-2　火山性津波の代表的な発生メカニズム
矢印は津波とその伝搬方向を示す。(a) 火山性流れの水域への流入、(b) 海底での崩壊、(c) 海底での陥没など断層運動による沈降、(d) 断層運動による隆起、(e) マグマ水蒸気爆発、(f) 爆発的噴火により生じる大気波動。

う岩屑なだれ、溶岩ドームの崩落や爆発的噴火に伴う火砕流など「火山性流れ」の海への流入、（b）海底での山体（斜面）崩壊、（c）海底でのカルデラ陥没など断層運動による急激な沈降、または（d）断層運動による隆起などが挙げられる。水面を直接変動させる主な現象としては（e）マグマ水蒸気爆発、（f）爆発的噴火により発生する大気波動などが挙げられる。

火山性流れの海への流入による津波

岩屑なだれや火砕流により短時間のうちに大量の物質が海に流れ込むことにより、海水が急激に押し上げられ津波が発生する（図14―2ａ）。本書でも取り上げた渡島大島、アナク・クラカタウ、スフリエールヒルズなど、火山島での大規模な噴火に伴う火砕流や山体崩壊により発生した事例がよく知られている。また、２０２２年1月のフンガ火山（トンガ）の大規模噴火の際には、巨大噴煙が部分的に崩壊して火砕流が発生し、大量の物質が海に流入して周囲の海底地形が大きく変わってしまった。周辺の島々（近地）は大津波に襲われたが、その一部は海に流入した大規模な火砕流に起因した可能性がある。

これらの現象は未然に検知することが難しい場合が多く、火山周辺の沿岸域では甚大な災害に発展することが多い。水槽実験や数値計算にもとづくと、流れ込む物質の流入率が津波の波高を決める要因として重要になる。

ストロンボリ島で起きた津波

ストロンボリ火山（イタリア）は山頂で繰り返す爆発的噴火が象徴的だが、実は津波のリスクも抱えている。２００２年12月30日、噴火により西側斜面に流出していた溶岩流が斜面の一部とともに突如として崩落し、およそ３００万㎥の火砕物が一気に海に流入した。

これにより発生した津波はストロンボリ島を取り巻くように伝搬し、北東部の集落では最大11ｍまで遡上した。数名の観光客が怪我をした程度ですんだが、道路や家屋、船舶への被害が生じるなど、この島での津波の脅威があらわになった。またこの津波は約40㎞離れたリパリ島を含めた周辺の島々でも観測され、人々を驚かせた。

溶岩が流出し、崩落したストロンボリ島の西側斜面は約36度の安息角に近い傾斜を有し、Sciare del Fuocoと呼ばれている。英語に直訳するとSki of Fireだ。２００２年のイベントはまさにこの斜面の名前を象徴するものだった。この斜面ではさらに大規模な崩落イベントが過去に繰り返し発生している。このような現象に起因する火山性津波のリスクは、ストロンボリ島だけでなく周辺のエオリア諸島の島々にも存在している。

海底での崩壊に伴う津波

海底での山体（斜面）崩壊は、陸上の山体崩壊と類似の現象だが、津波発生のメカニズムはやや異なる。陸上の場合は崩壊物（土砂）の海への流入が主に津波の発生に寄与するが、海底で崩壊が起こる場合、崩壊物の移動・堆積による地形変化（水深の減少）と、崩壊による給源での地形変化（水深の増加）がほぼ同時に起こることで津波が励起される（図14―2ｂ）。給源での地形変化はカルデラ陥没に類似し、短時間で大きな水深の変化を伴うものになる。

崩壊現象の全てが水中で起こるため、その全体像の把握は容易ではない。噴火・崩壊に伴う地震や津波の検知、崩壊前後の正確な地形データの取得によって、何が起きたのかがはじめて特定されることになる。深海であれば発生の検知はより難しくなるだろう。

このような現象の報告事例は少ない。２０２３年10月に伊豆諸島の孀婦岩近海で発生した地震・津波イベントでは、深海底での大きな地形変化が伴われたようだ。もしかしたらここで述べたようなプロセスが関係している可能性もある。さらなる調査観測が行われ、このタイプの崩壊やそれに伴う津波の理解が進むことが期待される。

海底でのカルデラ陥没や断層運動に伴う津波

海底火山での断層運動により津波が発生することがある（図14―2ｃおよびｄ）。破局的大規模噴火では、大量のマグマの噴出と引き換えに直径数㎞から十数㎞の領域が短時間のうちに大規模に陥没する。環状断層の形成を伴い、場合によっては深さ数百m以上に及ぶ地形変化が海底で生じ、これにより津波が発生する可能性がある。本書で取り上げた火山では、鬼界カルデラの7300年前の鬼界アカホヤ噴火やサントリーニ・カルデラの紀元前17世紀のミノア噴火、クラカタウ火山の1883年の噴火などで引き起こされた可能性がある。

鬼界カルデラの場合、カルデラ近隣の島や西南日本の沿岸で噴火とほぼ同時期に複数回の津波が発生した痕跡や堆積物が見出されている。津波のメカニズムとして、噴火と同時に発生した巨大地震や火砕流が提案されているが、海底地形の大きな変化を生じるカルデラ陥没も有力な候補だ。

ただし浅海での巨大噴火では、大規模火砕流やマグマ水蒸気爆発がカルデラ陥没とほとんど同時に発生する可能性があるため、津波の原因として「カルデラ陥没」単一よりも、複合的なプロセスを考慮する必要があるかもしれない。近現代の火山噴火で、このメカニズムにより確かに津波が発生したとされている事例は知られておらず、発生過程については不明な部分も多い。

また、近年、海底カルデラで観測される地震活動の解析から、カルデラ下に存在するマグマ溜まりの変形に起因し、カルデラをつくる環状断層に沿った断層運動が津波を励起させる場合があることがわかってきた。また、環状断層に限定せず、火山体内部や周辺で起こる火山性地震や地殻変動に断層運動が伴われた場合、それによる変位が海底に達し、隆起や沈降により海水が持ち上げられ津波が発生する可能性がある。

マグマ水蒸気爆発に伴う津波

マグマ水蒸気爆発の際に、爆発の圧力により水面が押しのけられる、あるいは持ち上げられることで津波が発生する（図14―2e）。伊豆諸島の明神礁では、1952～1953年に浅海でマグマ水蒸気爆発を繰り返した際に、八丈島や静岡県御前崎、神奈川県城ヶ島の潮位計で津波が観測された。この観測データの解析により、津波は爆発により海水に瞬間的な圧力（インパルス）が与えられたことにより発生したと考えられている。マグマ水蒸気爆発ではウォータードームが形成され、海面が大きく変動する場合もある。米国の水爆実験等にもとづく知見によると、このメカニズムの場合、津波の波高は爆発の深度（水深）と爆発のエネルギーにより決まる。

地球を周回する大気波動に起因する津波

大規模な爆発的噴火では、大気を伝わる圧力の波（大気波動）が発生することがある。このような大気波動と海洋との共鳴により海洋波の振幅が増大するという、「あびき」などの気象津波と類似のメカニズムにより津波が発生する（図14―2f）。

2022年のフンガ火山の大規模噴火の際に、日本を含む遠地で観測された津波がこのメカニズムによるものだ。2022年1月15日20〜21時頃（日本時間）、フンガ火山噴火の直後に日本列島では南東から北西にかけて気圧変化の波（ラム波）が通り抜け、その後30分〜1時間程度遅れて数十cmから最大1m超の津波が各地で観測された。通常の津波伝搬を仮定した予測よりも2時間半から3時間程度早い津波到着となり、日本の各地で混乱が生じた。

第6章で取り上げたように、1883年のクラカタウ火山噴火の際にも、海洋を伝わるだけでは説明できないほど短時間で到着した遠地津波が世界各地で観測され、フンガ火山噴火と同様のメカニズムにより津波が発生したと考えられている。事例は少ないが、爆発的噴火により強い大気波動が発生した際にこのタイプの津波への注意が必要だ。

現在、日本の気象庁は、噴煙高度が15kmに達するような噴火が発生した場合、一律に津波に関する情報を発信するようになったが、この規模の噴火が必ずしも大気波動を伴うわけではないことには注意する必要がある。

地球規模の影響を及ぼす現象——超巨大噴火

日本ではおよそ1万年に1回の頻度で、国土に甚大な被害を及ぼすような超巨大噴火が繰り返し発生している。大量の流紋岩質あるいはデイサイト質マグマが地殻内に蓄積され、それらのマグマが短時間のうちに地表に噴出することにより超巨大噴火（破局噴火ともいう）は発生する。

破局噴火は2段階で進むことが多い。1段階目にはプリニー式噴火を繰り返し、蓄積しているマグマが部分的に排出されることにより、マグマ溜まりが減圧する。減圧が進むと、ある時点でマグマ溜まりは天井部の岩盤を支えることができなくなり、噴火の2段階目に移行する（図14−3）。2段階目では岩盤の崩落に伴いマグマ溜まりが潰れ、残されていた大量のマグマが地表に一気に噴出することになる。この2段階目の方が噴火の規模や強度は大きく、表面現象も破壊的なものとなる。

地殻の崩壊は環状断層の形成を伴い、それが地表にまで及ぶと陥没孔が出現し、このようにしてできた直径2㎞以上の大きさの陥没地形はカルデラと呼ばれる。カルデラの存在は、過去にそこで超巨大噴火が発生したこと、そして大規模なマグマ溜まりを形成しやすい地質条件（応力状態や熱源）がその場所に存在していることを意味する。日本国内の代表的なカルデラ形成場は九州（阿蘇、姶良《あいら》、阿多《あた》、鬼界）、東北から北海道（十和田、洞爺、支笏《しこつ》、屈斜路）だが、伊豆小笠原諸島の海底にもカルデラが多く存在している。

広がる灼熱の世界——巨大火砕流、広域火山灰、火山ガスとその影響

過去に日本国内で発生したカルデラ形成を伴う巨大噴火のマグマ噴出量は10㎦から100㎦の

オーダーで、その大部分は巨大火砕流とそれに伴う火山灰雲として地表に噴出し、厚い堆積物を広域に残した。大量のマグマが噴出するため、噴出源近くでは厚さ数十mあるいは100m以上の堆積物もふつうに形成される。

巨大噴火に伴い形成される大規模な火砕流堆積物はイグニンブライト(ignimbrite)とも呼ばれる。この言葉はラテン語のigni-［火］とimbri-［雨］をもとに作られていて、高温状態の軽石や火山灰が一気に押し寄せてくるようなすさまじい状況の下で堆積物が作られたことを意味する。

火砕流の温度は噴出源近くではマグマのガラス転移温度(600〜700℃)以上に保たれることもあり、そのような環境では軽石や火山灰など火砕物として噴出したものでも、堆積後に熱と圧密により空隙が失われ溶岩のような塊状緻密な岩石へと変わる。こうしてできた岩石もイグニンブライトだが、とくに「溶結凝灰岩」と呼ばれ、カルデラの近くで観察される。

イグニンブライトの分布は多くの場合、噴出源を中心にほぼ同心円を描くことから、大規模な噴煙柱崩壊に伴い全方位に向けて火砕流が発生し、堆積物が形成されたと考えられている(図14—3)。このような大規模火砕流の流走距離は数十km〜最大100kmにも達すると推定される。鬼界やクラカタウなどいくつかの事例では、堆積物が海を隔てて分布している。このことは火砕流の低密度の部分(火砕サージ)は海の上も流れられることを示している。

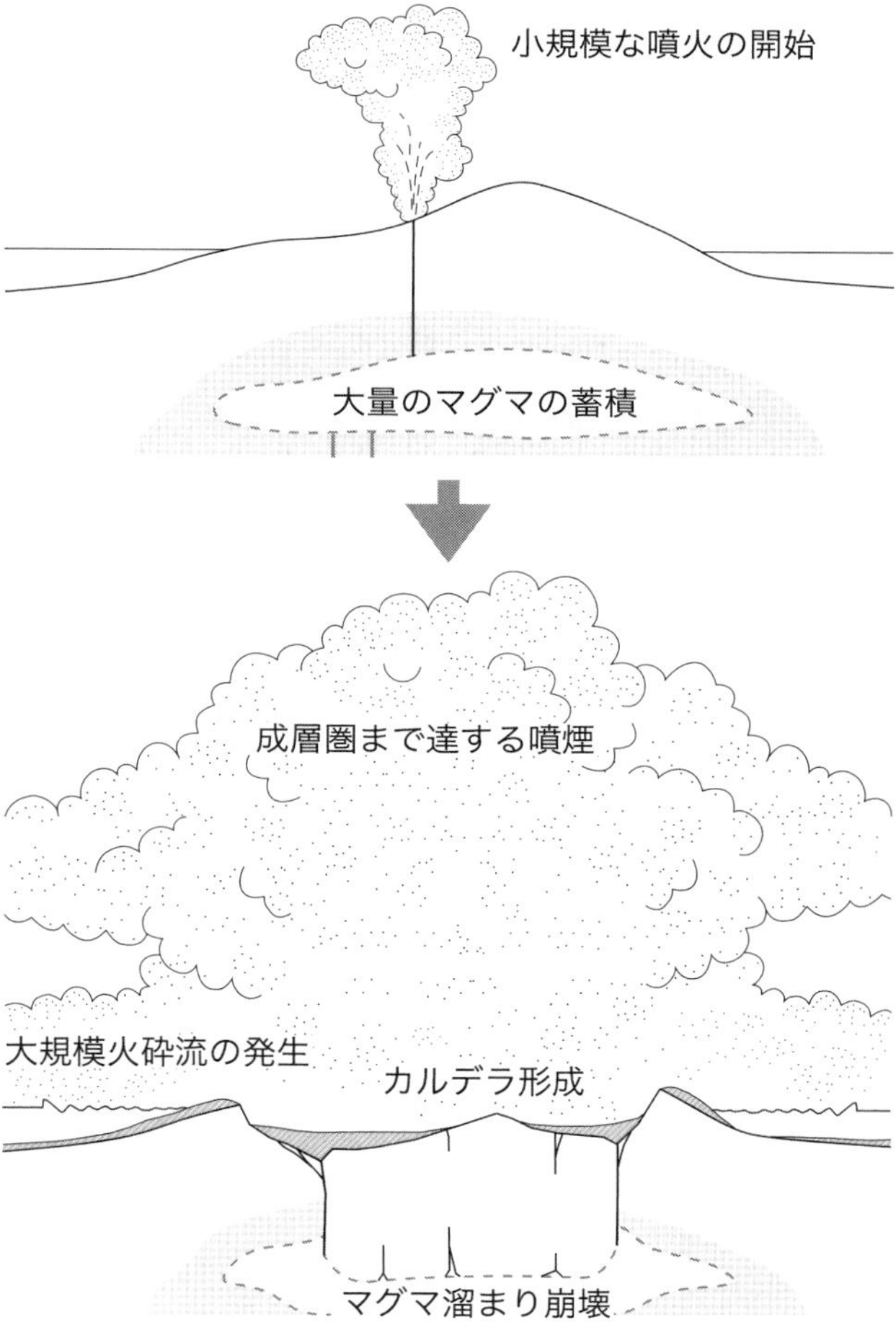

図 14-3　カルデラ形成を伴う破局噴火の典型的推移
大量のマグマの噴出と引き換えにカルデラ陥没が起こる。

巨大噴火では火口から直接立ち上がる噴煙に加えて、火砕流からも大量の細粒火山灰が大気中に舞い上がり、これら全体が風下側の広大な地域に降り注ぐことになる。

噴出量およそ600㎦と推定されている九州中部で発生した阿蘇4噴火（約9万年前）の広域火山灰は、北海道でも10㎝以上の厚さで堆積している。日本全土に火山灰が厚く降り積もったことにより当時の日本列島に甚大な影響があったはずだ。火砕流堆積物は山口県でも確認されていて、阿蘇を中心に九州の広範囲が火砕流に飲み込まれ、地形も激変した。

超巨大噴火では大量のマグマが地表に放出されるため、マグマに溶け込んでいた火山ガス（主に水、二酸化炭素、二酸化硫黄、硫化水素。第5章参照）の大気中への放出量も膨大になる。大量の火山ガスが成層圏に注入されると、硫黄成分をもとに形成される硫酸エアロゾル量が増加し、それによって太陽光入射が減少して大気温度が低下する。

超巨大噴火による寒冷化は、9万人以上の餓死者を出した1815年タンボラ火山噴火（インドネシア・スンバワ島）の例に見られるように、数年間あるいはそれ以上の長期にわたる二次的な災害を引き起こす。

日本国内では、タンボラ火山噴火の5倍以上の規模と推定される阿蘇4クラス（噴出量1000㎦のオーダー）が最大規模の噴火だが、地球全体で見ると噴出量が1000㎦のオーダーに達する超巨大噴火も過去には発生しており、人類の存亡に影響を与えたかもしれない。ただしそのような噴火の発生頻度は数十万年に1回程度と低い。直近ではおよそ7万5千年前のトバ火山の噴火（インドネシア・スマトラ島）が知られている。

巨大だったフンガ火山噴火は、全球環境変動を引き起こすのか

カルデラを形成した大規模な噴火の最近の事例として、クラカタウ火山の1883年噴火（インドネシア）やピナツボ火山の1991年噴火（フィリピン）がある。いずれも「超」はつかないものの巨大噴火だ。噴煙高度とマグマの噴出量はそれぞれクラカタウ噴火で40〜43㎞と約9㎦、ピナツボ噴火で35〜40㎞と5〜6㎦と推定されている。形成されたカルデラのサイズは、クラカタウ噴火で直径6㎞、深さ250m、ピナツボ噴火で直径2・5㎞、深さ650mだ。

2022年のフンガ火山噴火をこれらの噴火と比べてみるとどうだろうか？　この噴火の全噴出量は10㎦に達しない程度で、噴出したマグマの体積はせいぜい2〜3㎦と推定されており、クラカタウやピナツボの例と比べるとだいぶ少ない。しかし形成されたカルデラのサイズは、直径約5㎞、深さ800m以上、体積にして約6㎦で、クラカタウやピナツボに匹敵するかむしろ大きいくらいだ。噴出物で考えると、マグマに対して母岩（山体を構成していた岩石）の割合がとても大きいことが特徴だ。また、フンガ火山噴火では噴煙が57㎞に達するという観測史上最高高

度を記録したことが特筆される。噴出量の割に噴煙高度が高かったことがフンガ火山噴火の大きな特徴だったといえる。

噴煙高度が高くなった原因として、まず噴出率が大きかったことが挙げられるが、それに加えて噴出マグマが海水と相互作用を起こし、噴煙の成長に影響を与えたことが考えられる。噴火前の水深は200m以浅だったと推定され、この水深であれば噴煙は周囲の海水を取り込み気化することで、海を突き抜け巨大な噴煙を成長させるために必要な浮力を獲得できた可能性がある。母岩の破砕もこの相互作用の過程で著しく進んだのかもしれない。

注意しなければいけないのは、ここで言うフンガ火山噴火の噴煙高度は噴煙の最頂部を意味することだ。大規模な噴煙では、噴出源直上では噴煙が勢いよく上昇することにより浮力中立高度より突出した部分（オーバーシュート部分）が形成されるが、そこから離れると、より低い高度で浮力中立を保つように傘型に拡がる。広域に噴出物を運搬するのはこの傘の部分だ。フンガ火山の場合、傘の高度は30㎞程度と推定されている。このように噴煙の高さは一様ではない点を考慮する必要はあるが、いずれにしてもフンガ火山の噴煙は巨大で、噴出物も上空高くまで舞い上がり運搬された。

ところで、クラカタウ火山噴火に対して40～43㎞の噴煙高度が推定されているが、これは主に当時の陸上や船上からの観察の情報にもとづくもので、広域に拡がった傘の高度に相当していると考えられる。当時もし人工衛星が存在しオーバーシュート部分が観測されていれば、フンガ火山噴火のように噴煙最頂部の高度はもっと高かったかもしれない。

フンガ火山噴火の噴煙の挙動が実測されたことにより、巨大噴火のダイナミクスの理解も大きく進みつつあるが、このことは過去の巨大噴火の復元に対しても従来とは異なる視点を与える可能性があり、重要な意味を持っている。

１８８３年クラカタウ噴火と１９９１年ピナツボ噴火では、高層大気中への硫黄放出量はそれぞれおよそ２８００万トン、２０００万トンで、どちらの場合も成層圏での硫酸エアロゾル生成により寒冷化が引き起こされた。ピナツボ噴火の場合、地球表面に達する太陽光が最大５％減少し、北半球の平均気温は０・５℃低下した。１９９３年に日本列島は冷夏に見舞われ大凶作となったが、その原因はピナツボ火山の噴火だったと考えられている。

一方、フンガ火山噴火ではマグマの噴出量が少なかったためか、硫黄放出量は40万トン程度と推定されているので、クラカタウやピナツボの１００分の１のオーダーだ。したがってこの数字だけ見ると硫酸エアロゾルの気候への影響はかなり限定的と予想できる。

ところがフンガ火山噴火では、硫黄以外の主要な揮発性成分として水の放出量が観測され、その結果、５０００万トンあるいは１億トンもの水が成層圏に注入されたことが明らかにされた。これは成層圏全体に含まれる水の約５～10％に相当する。この大量の水の起源は、噴火によって噴煙に取り込まれた海水と考えられる。

海域の噴火で大量の水蒸気が発生すること自体は驚くことではないが、これだけ大量の水が高層大気に短時間のうちにインプットされた事例はいまだかつて知られておらず、さらにそれが定量的に推定されたのは史上初めてのことだ。成層圏内の水（水蒸気）の劇的な増加は、成層圏の冷却やオゾンの減少など地球大気の化学状態を変化させることになり、ひいては地表を温める効果としてはたらく。したがって、全球的な影響については、硫黄放出量が甚大だったクラカタウやピナツボのケースとは異なるプロセスを辿る可能性がある。地球表面に長期的にどのような影響を及ぼすかについて、モニタリングにより明らかにされることが期待される。

大気中で生産された硫酸エアロゾルは、長時間かけて沈降し、しだいに地表面に沈積する。極域の氷床にはその痕跡（高濃度の層）が閉じ込められるため、過去に遡って火山噴火により放出された硫黄の全球的な影響を復元することが可能になる。一方、水（海水）の場合、過去の巨大噴火による放出量などの情報を精度良く得ることは、現状では容易でないだろう。フンガ火山の噴火ではそれが実測された点に大きな意味がある。

海底からの巨大噴火は、もしかしたらグローバルな水循環に対して大きな影響を及ぼしている可能性があり、そのプロセスの解明は地球表層環境の長期的変化の理解につながっていくかもしれない。

フンガ火山の噴火は、海域での巨大噴火によるインパクトを定量的に明らかにするための手がかりを与えるとともに、火山や地球の理解に対する新たな課題を提示したのだ。

あとがき

近年繰り返し発生している海域での火山噴火は、地球上の陸地のつくられ方や噴火がもたらす脅威、恩恵を知る上で貴重な機会となっている。本書の執筆の動機は、そこで何が起きているのか、火山噴火とはどのような現象なのか、そして火山噴火が人間とどのように関わってきたのかを探るとともに、その探究のプロセスや新たにわかってきたことを通して「火山」や「地球」への読者の関心を少しでもかきたてたいという点にあった。

海で起こる火山噴火は、海に特有の現象を生じることもあれば陸上での噴火と共通する現象を示すこともあり、地球上の火山を知る上でさまざまな材料を提供してくれる。ただ一般的には、観測データや地質情報、分析試料が豊富に存在し、私たちのすぐ身近にあり、現象や災害がより目立つ陸上の噴火の方が対象にしやすいかもしれない。多くの情報を得ることが難しい海域火山噴火の研究は、応用的でやや敷居が高いというイメージを持たれがちのようだ。

著者は大学院生の頃、過去の噴火現象の復元を目指す火山の地質学の面白さに惹かれ研究をはじめたが、しだいに周辺分野にも興味を持つようになった。初めて火山噴火起源の津波の研究の世界に足を踏み入れた際、この分野は世界的にみても一部の津波研究者により支えられるのみで、火山研究者がほとんど見当たらないことにとても驚いた。海の中での火山噴火による爆発や津波などの危険な表面現象は、発生頻度も低いし重要度は高くないのではと感じた時もあるが、振り返ってみると、周囲には未開の地がまだまだ残されていた。いくつかの分野にまたがる複合的な研究分野として開拓を突き進められる可能性を秘めながらも、何となく不活性な状況はその後も近年に至るまで大きく変わっていなかったと感じている。

しかし最近の日本列島、そして地球上のさまざまな海域で規模の大きな火山噴火やそれによる災害が発生し、それらをターゲットとした研究が数多く進められることにより、この状況はしだいに変わりつつあるように見える。その理由の一つとして、本書でも何度か述べてきた観測や分析の手法の進歩が挙げられる。従来の手法では見えなかった解像度のデータ、地球物理・化学観測データの取得などが陸域と海域の隔たりなく、高い時空間分解能で可能になってきたという点だ。

研究対象となり得なかった現象が解像されたり、新たな現象が発見されたり、研究の価値が認識されるようになり始め、周辺分野も含めたこの分野の研究の活性化が急速に進み始めている。これらの進歩は、例えば火山噴出物を扱う従来の研究への刺激になるとともに新しい視点や課題を生み出すチャンスを与え、地質学や物質科学の海域火山研究における役割の重要性をあらためて認識させている。この分野は、研究対象の開拓と手法の開発が進むことにより、新しい時代に入りつつあるといって良さそうだ。

本書では、火山島を舞台として火山の成り立ちや過去の噴火の経緯、そこで何がわかり何が問題になっているのかに注目してきた。学術論文として発表されるような成果や課題を伝えることはもちろん重要だが、研究者がふだんどのような視点で「火山」という対象を見ているのか、どのように調査や観測が進められているのか、論文にはほとんど書かれることがない背景を含めて伝えることも本書のような書籍の特徴だろうと考え、著者の興味の赴くままに対象火山の周辺トピックも扱うことにした。寄り道が多く、研究の細部を十分に述べることができなかった章も多いので、さらに興味を持たれた方には関連文献にあたっていただきたい。

陸域であれ海域であれ、火山研究の醍醐味のひとつは野外での調査・観測であろう。実際に火山を訪れ、火山と向き合い、火山とは何かを知ろうとすると、火山で起こる現象の理解だけでなく、火山を取り巻く風土、火山と共生し続けてきた人間社会を含め、その火山と関わりのあるさまざまな事象に興味が湧くようになるのは著者だけではないだろう。

このような火山の魅力を、本書を通して少しでも感じていただければ幸いである。

本書で取り上げた火山島や海域の調査は、さまざまなプロジェクト、共同研究の中で進められたものであり、ＰＩ（主宰者）のご好意に甘えて便乗させてもらった調査も含まれる。とくに以下の方々の支援、協力、心遣いなしには成し得なかったことを付け加えさせていただきたい。谷口宏充氏（鬼界カルデラ）、中田節也氏（北マリアナ諸島、西之島）、金子隆之氏（西之島、クラカタウ）、吉本充宏氏（西之島）、武尾実氏（西之島）、田村芳彦氏（西之島やアナタハンへの航海）、石塚治氏（渡島大島、カリブ海航海など）、片岡香子氏（渡島大島、カリブ海航海）、谷健一郎氏（福徳岡ノ場航海）、長井雅史氏（クラカタウなど）。また、今村文彦氏との共同研究により、クラカタウなどでの巨大噴火・津波の理解が進展してきたことは特筆しておきたい。最後に、ウェブ記事から本書の執筆・出版まで、ご助言、ご尽力くださった講談社の須藤寿美子さんには大変感謝いたします。

２０２４年６月吉日

前野　深

●宮地直道・他（2004）富士火山東斜面で2900年前に発生した山体崩壊．火山，49, 237-248.
●Nanayama, F. and Maeno, F.（2018）Evidence on the Koseda coast of Yakushima Island of a tsunami during the 7.3 ka Kikai caldera eruption. Island Arc, 28;e12291.
●Naranjo, J. A. and Francis, P.（1987）High velocity debris avalanche at Lastarria volcano in the north Chilean Andes. Bull. Volcanol., 49, 509-514.
●Paris, R., et al.（2014）Volcanic tsunami: a review of source mechanisms, past events and hazards in Southeast Asia（Indonesia, Philippines, Papua New Guinea）. Nat. Hazards, 70, 447-470.
●Proud, S.R., et al.（2022）The January 2022 eruption of Hunga Tonga-Hunga Ha'apai volcano reached the mesosphere. Science, 378, 554-557.
●Sandanbata, O., et al.（2022）Sub-decadal volcanic tsunamis due to submarine trapdoor faulting at Sumisu caldera in the Izu-Bonin Arc. J. Geophys. Res., Solid Earth 127, e2022JB024213.
●Siebert, L.（1984）Large volcanic debris avalanches: characteristics of source areas, deposits, and associated eruptions. J. Volcanol. Geotherm. Res., 22, 163-197.
●Stothers, R. B.（1996）Major optical depth perturbations to the stratosphere from volcanic eruptions: pyrheliometric period, 1881-1960. J. Geophys. Res., Atmos. 101, 3901-3920.
●高野洋雄（2014）気象津波（meteo-tsunami）．天気，61, 58-60.
●Unoki, S. and Nakano, M.（1953）On the Cauchy-Poisson waves caused by the eruption of a submarine volcano（III）. Pap. in Met. Geophys., 4, 139-150.
●Vömel, H., et al.（2022）Water vapor injection into the stratosphere by Hunga Tonga-Hunga Ha'apai. Science, 377, 1444-1447.

Rundsch, 62, 431-446.
●Walter, T. R., et al. (2019) Complex hazard cascade culminating in the Anak Krakatau sector collapse. Nature Comm., 10, 4339.

第12章　噴火で再び無人島に

●Guffanti, M., et al. (2005) Volcanic-ash hazard to aviation during the 2003-2004 eruptive activity of Anatahan volcano, Commonwealth of the Northern Mariana Islands. J. Volcanol. Geotherm. Res., 146, 241-255.
●Nakada, S., et al. (2005) Geological aspects of the 2003-2004 eruption of Anatahan volcano, Northern Mariana Islands. J. Volcanol. Geotherm. Res., 146, 226-240.
●野村 進（2005）日本領サイパン島の一万日．岩波書店，412 pp.
●Pallister, J. S., et al. (2005) The 2003 phreatomagmatic eruptions of Anatahan volcano - textural and petrologic features of deposits at an emergent island volcano. J. Volcanol. Geotherm. Res., 146, 208-225.

第13章　海域火山の密集地帯で何が起きているのか

●Banks, N. G., et al. (1984) The eruption of Mount Pagan volcano, Mariana Islands, 15 May 1981. J. Volcanol. Geotherm. Res., 22, 225-269.
●Embley, R. W., et al. (2014) Eruption of South Sarigan Seamount, Northern Mariana Islands. Oceanography, 27, 24-31.
●松江春次（1932）南洋開拓拾年誌．南洋興発，239 pp.
●Tanakadate, H. (1940) Volcanoes in the Mariana Islands in the Japanese Mandated South Seas. Bull. Volcanol., 6 199-223.

第14章　岩屑なだれ・津波・カルデラ崩壊―火山噴火が生み出す破壊的な表面現象

●Ambrose, S. H. (1998) Late Pleistocene human population bottlenecks, volcanic winter, and differentiation of modern humans. J. Human Evolution, 34, 623-651.
●Carn, S. A., et al. (2022) Out of the blue: Volcanic SO_2 emissions druging the 2021-2022 eruptions of Hunga Tonga-Hunga Ha'apai (Tonga). Front. Earth Sci., 10, 976962.
●Clare, M. A., et al. (2023) Fast and destructive density currents created by ocean-entering volcanic eruptions. Science, 381, 1085-1092.
●Evan, S., et al. (2023) Rapid ozone depletion after humidification of the stratosphere by the Hunga Tonga eruption. Science, 382, eadg2551.
●藤間功司・他（2004）2002年Stromboli火山性津波の現地調査．津波工学研究報告，21, 33-39.
●Giachetti, T., et al. (2012) Tsunami hazard related to a flank collapse of Anak Krakatau Volcano, Sunda Strait, Indonesia. Geol. Soc. Lon. Sp. Pub., 361, 79-90.
●Hibiya, T. and Kajiura, K. (1982) Origin of the Abiki phenomenon (a kind of seiche) in Nagasaki Bay. J. Oceanogr. Soc. Jap., 38, 172-182.
●海上保安庁（2024）鳥島近海で海底噴火の痕跡を確認～令和5年10月の津波現象の原因究明の一助に～．https://www.kaiho.mlit.go.jp/info/kouhou/510.html.
●気象庁編（2013）日本活火山総覧（第4版）web掲載版, https://www.data.jma.go.jp/vois/data/tokyo/STOCK/souran/menu_jma_hp.html.
●Kubota, T., et al. (2022) Global fast-traveling tsunamis driven by atmospheric Lamb waves on the 2022 Tonga eruption. Science, 377, 91-94.
●Lipman, P. W. and Mullineaux, D. R. (1981) The 1980 eruptions of Mount St. Helens, Washington, U.S. Geol. Sur. Prof. Pap., 1250, 844 pp.
●町田 洋・新井房夫（2003）新編 火山灰アトラス―日本列島とその周辺―．東京大学出版会，360 pp.
●前野 深（2022）地球を震わせたフンガ火山の爆発的噴火．科学，92, 559-565.
●Maeno, F., et al. (2006) Numerical simulation of tsunamis generated by caldera collapse during the 7.3 ka Kikai eruption, Kyushu, Japan. Earth Planet. Space, 58, 1013-1024.
●McCormick, M. P., et al. (1995) Atmospheric effects of the Mt Pinatubo eruption. Nature, 373, 399-404.
●Millán, L., et al. (2022) The Hunga Tonga-Hunga Ha'apai Hydration of the Stratosphere. Geophys. Res. Lett., 49, e2022GL099381.

社，96 pp.

第8章　巨大化した火山島「西之島」

●Kaneko, T., et al.（2022）Episode 4（2019-2020）Nishinoshima activity: abrupt transitions in the eruptive style observed by image datasets from multiple satellites. Earth Planet. Space, 74, 34.
●Maeno, F., et al.（2021）Intermittent growth of a newly-born volcanic island and its feeding system revealed by geological and geochemical monitoring 2013-2020, Nishinoshima, Ogasawara, Japan. Front. Earth Sci., 9, 773819.
●長井雅史・他（2023）2021年に実施された西之島総合学術調査における火山地質学的知見．小笠原研究，49, 45-69.
●Tamura, Y., et al.（2023）Genesis and interaction of magmas at Nishinoshima volcano in the Ogasawara Arc, western Pacific: new insights from submarine deposits of the 2020 explosive eruptions. Front. Earth Sci., 11, 1137416.

第9章　溶岩流・噴煙・火砕流―火山の成長を支える、多様な表面現象

●Branney, M. J. and Kokelaar, P.（2002）Pyroclastic density currents and the sedimentation of ignimbrites. Geol. Soc. Lon. Mem., 27, 143 pp.
●Bursik, M.（1998）Tephra dispersal. in: Gilbert, J.S. and Sparks, R.S.J.（eds）The physics of explosive Volcanic eruptions. Geol. Soc. Sp. Pub., 145, 115-144.
●Parfitt, E. A. and Wilson, L.（2008）Fundamentals of Physical Volcanology, Blackwell Publishing, 230 pp.
●Schmincke, H.-U.（2005）Volcanism. Springer, 324 pp.
●Valentine, G. A.（1998）Damage to structures by pyroclastic flows and surges, inferred from nuclear weapons effects. J. Volcanol. Geotherm. Res., 87, 117-140.

第2部　島の成熟から崩壊へ

第10章　街を丸ごと飲み込んでしまう火山灰

●Druitt, T. H. and Kokelaar, B. P.（eds.）（2002）The Eruption of Soufrière Hills Volcano, Montserrat, from 1995 to 1999. Geol. Soc. Lon. Mem., 21, 645 pp.
●Le Friant, A., et al.（2015）Submarine record of volcanic island construction and collapse in the Lesser Antilles arc: first scientific drilling of submarine volcanic island landslides by IODP Expedition 340. Geochem. Geophys. Geosyst., 16, 420-442.
●Sparks, R. S. J. and Lea, D.（2007）Montserrat's Andesite Volcano. DVD set. Living Letters Productions.
●Wadge, G., et al.（eds.）（2014）The Eruption of Soufrière Hills Volcano, Montserrat, from 2000 to 2010. Geol. Soc. Lon. Mem., 39, 501 pp.

第11章　江戸時代の山体崩壊と大津波の痕跡

●デジタル八雲町史, http://www2.town.yakumo.hokkaido.jp/history/.（2023年3月1日閲覧）
●羽鳥徳太郎（1984）北海道渡島沖津波（1741年）の挙動の再検討―1983年日本海中部地震津波との比較―．地震研究所彙報，59, 115-125.
●今村文彦・松本智裕（1998）1741年渡島大島火山津波の痕跡調査．津波工学研究報告，15, 85-105.
●今村文彦・他（2002）津軽半島周辺での寛保渡島沖津波の再調査―津軽藩御国日記の追加による詳細調査―．津波工学研究報告，19, 1-40.
●石塚 治・他（2022）火山体崩壊のマグマ供給系への影響―渡島大島火山での検討（予報）―．日本火山学会講演予稿集 2022年度 秋季大会，A3-15.
●勝井義雄・佐藤博之（1970）渡島大島地域の地質．地域地質研究報告（5万分の1地質図幅），工業技術院地質調査所，16 pp.
●Satake, K. and Kato, Y.（2001）The 1741 Oshima-Oshima eruption: extent and volume of submarine debris avalanche. Geophys. Res. Lett., 28, 427-430.
●都司嘉宣・他（1985）韓国東海岸を襲った日本海中部地震津波．防災科学技術研究資料，90, 1-96.
●Walker, G. P. L.（1973）Explosive volcanic eruptions - a new classification scheme. Geol.

Proc. Imp. Acad. Jap., 11, 152-154.
●田中館秀三業績刊行会編（1975）田中館秀三―業績と追憶．世界文庫，625 pp.

第５章　何が火山噴火の様式を決めているのか？

●Cassidy, M., et al. (2018) Controls on explosive-effusive volcanic eruption styles. Nature Comm., 9, 2839.
●Eichelberger, J. C., et al. (1986) Non-explosive silicic volcanism. Nature, 323, 598-602.
●Gonnermann, H. M. and Manga, M. (2013) Dynamics of magma ascent in the volcanic conduit, in Modeling volcanic processes edited by Fagents S. A. et al. (Cambridge University Press), pp. 55-84.
●Francis, P. and Oppenheimer, C. (2004) Volcanoes, second edition, Oxford University Press, 521 pp.
●Koyaguchi, T. and Woods, A. W. (1996) On the formation of eruption columns following explosive mixing of magma and surface-water. J. Geophys. Res., 101, 5561-5574.
●Sheridan, M. F. and Wohletz, K. H. (1983) Hydrovolcanism: basic considerations and review. J. Volcanol. Geotherm. Res., 17, 1-29.
●高島武雄・飯田嘉宏（1998）蒸気爆発の科学―原子力安全から火山噴火まで―．ポピュラー・サイエンス200，裳華房，188 pp.
●Zhang, Y. and Xu, Z. (2008) "Fizzics" of bubble growth in beer and champagne. Elements, 4, 47-49.

第６章　噴火による破壊と創造

●Cutler, K. S., et al. (2022) Downward-propagating eruption following vent unloading implies no direct magmatic trigger for the 2018 lateral collapse of Anak Krakatau. Earth Planet. Sci. Lett., 578, 117332.
●前野 深（2019）アナク・クラカタウ島でおきた山体崩壊と津波（特集 崩れる火山　過去に学び次に備える）．地理，64, 14-21.
●Maeno, F. and Imamura, F. (2011) Tsunami generation by a rapid entrance of pyroclastic flow into the sea during the 1883 Krakatau eruption, Indonesia. J. Geophy. Res., 116, B09205.
●村山信彦（1969）1956年3月30日のベズイミヤン火山大爆発による気圧振動の伝搬と火山灰の移動．験震時報，33, 1-11.
●Perttu, A., et al. (2020) Reconstruction of the 2018 tsunamigenic flank collapse and eruptive activity at Anak Krakatau based on eyewitness reports, seismo-acoustic and satellite observations. Earth Planet. Sci. Lett., 541, 116268.
●Self, S. (1992) Krakatau revisited: the course of events and interpretation of the 1883 eruption. GeoJournal, 28, 109-121.
●Simkin, T. and Fiske, R. S. (1983) Krakatau 1883 - the volcanic eruption and its effects. Smithsonian Inst. Press, 464 pp.
●田中康裕（1984）地球を巡る火山爆発の衝撃波．日本音響学会誌，40, 12, 830-836.
●Williams, R., et al. (2019) Reconstructing the Anak Krakatau flank collapse that caused the December 2018 Indonesian tsunami. Geology, 47, 973-976.

第７章　古代文明滅亡の謎を秘めたエーゲ海の火山島

●Barton, M. and Huijsmans, J. P. P. (1986) Post-caldera dacites from the Santorini volcanic complex, Aegean Sea, Greece: an example of the eruption of lavas of near-constant composition over a 2,200 year periob. Contrib. Mineral., Petrol. 94, 472-495.
●Druitt., T. H., et al. (1999) Santorini Volcano. Geol. Soc. Lon. Mem., 19, 165 pp.
●Evan, K. J. and McCoy, F. W. (2020) Precursory eruptive activity and implied cultural responses to the Late Bronze Age (LBA) eruption of Thera (Santorini, Greece). J. Volcanol. Geotherm. Res., 397, 106868.
●Friedrich, W. L. (2009) Santorini - volcano, natural history, mythology. Aarhus University Press, 312 pp.
●Lespez, L., et al. (2021) Discovery of a tsunami deposit from the Bronze Age Santorini eruption at Malia (Crete): impact, chronology, extension. Sci. Rep., 11, 15487.
●岡田泰介（2008）東地中海世界のなかの古代ギリシア．世界史リブレット94，山川出版

参考文献

第1部　島の誕生から成長へ

第1章　目のあたりにした火山島の誕生

●青木 斌・小坂丈予 編著（1974）海底火山の謎—西之島踏査記—．東海大学出版会，250 pp.
●国土地理院「西之島付近の噴火活動関連情報」
https://www.gsi.go.jp/gyoumu/gyoumu41000.html（2022年9月1日閲覧）
●Maeno, F., et al.（2016）Morphological evolution of a new volcanic islet sustained by compound lava flows. Geology, 44, 259-262.
●小坂丈予（1991）日本近海における海底火山の噴火．東海大学出版会，279 pp.
●小坂丈予（1975）西之島火山の活動とその観測（続）．地質ニュース，246, 1-9.
●小坂丈予・他（1974）西之島付近海底噴火について（その3）．火山，19, 37-38.
●Tamura, Y., et al.（2018）. Nishinoshima Volcano in the Ogasawara Arc: New Continent from the Ocean? Island Arc, 28, e12285.
●海野 進・中野 俊（2007）父島列島地域の地質．地域地質研究報告（5万分の1地質図幅），産業技術総合研究所地質調査総合センター，71 pp.

第2章　島の成長

●Kaneko, T., et al.（2019）The 2017 Nishinoshima eruption: combined analysis using Himawari-8 and multiple high-resolution satellite images. Earth Planet. Space, 71, 140.
●前野 深・吉本 充宏（2020）西之島の噴火による地形・地質・噴出物の特徴とその変化．小笠原研究，46, 37-51.
●前野 深・他（2017）新火山島の初上陸調査—西之島（東京都小笠原村）—（日本の露頭・景観100選）．地学雑誌，126, N1-N13.
●前野 深・他（2018）噴出物から探る西之島の新火山島形成プロセス．海洋理工学会誌 24, 35-44.
●Maeno, F., et al.（2021）Intermittent growth of a newly-born volcanic island and its feeding system revealed by geological and geochemical monitoring 2013-2020, Nishinoshima, Ogasawara, Japan. Front. Earth Sci., 9, 773819.
●武尾 実・他（2018）西之島の地球物理観測と上陸調査．海洋理工学会誌，24, 45-56.

第3章　海域火山の爆発的噴火

●Carey, R., et al.（2018）The largest deep-ocean silicic volcanic eruption of the past century. Science Adv., 4, e1701121.
●Fauria, K. E., et al.（2023）Simultaneous creation of a large vapor plume and pumice raft by the 2021 Fukutoku-Oka-no-Ba shallow submarine eruption. Earth Planet. Sci. Lett., 609, 118076.
●Global Volcanism Program, Smithsonian Institution（2023）Global Volcanism Program - Volcanoes of the World 5.0.3.
●寺田寅彦（2010）寺田寅彦全集第十五巻「科学雑纂　二」，岩波書店 pp. 11-29.
●加藤祐三（2009）軽石—海底火山からのメッセージ—．八坂書房，288 pp.
●Maeno, F., et al.（2022）Seawater-magma interactions sustained the high column during the 2021 phreatomagmatic eruption of Fukutoku-Oka-no-Ba. Comm. Earth Env., 3, 260.
●寺田寅彦（1914）南硫黄島附近の海中に湧出せる新島に就いて．東洋学芸雑誌，31, 149-158.
●Yoshida, K., et al.（2022b）Petrographic characteristics in the pumice clast deposited along the Gulf of Thailand, drifted from Fukutoku-Oka-no-Ba. Geochem. J., 56, 134-137.

第4章　薩摩鬼界ヶ島沖に出現した新島

●Maeno, F. and Taniguchi, H.（2006）Silicic lava dome growth in the 1934-1935 Showa Iwo-jima, eruption. Kikai caldera, south of Kyushu, Japan Bull. Volcanol., 68, 673-688.
●三島村誌編纂委員会 編纂（1990）三島村誌，1401 pp.
●田中館秀三（1935）鹿児島県下硫黄島噴火概報．火山，2, 188-209.
●Tanakadate, H.（1935）Evolution of a new volcanic islet near Io-zima（Satsuma Prov.）.

〔さくいん〕

N.D.C.454.7　254p　18cm

ブルーバックス　B-2267

島《しま》はどうしてできるのか
火山噴火と、島の誕生から消滅まで

2024年７月20日　第１刷発行

著者　前野《まえの》　深《ふかし》
発行者　森田浩章
発行所　株式会社講談社
〒112-8001　東京都文京区音羽2-12-21
電話　出版　03-5395-3524
販売　03-5395-4415
業務　03-5395-3615
印刷所　（本文印刷）株式会社新藤慶昌堂
（カバー表紙印刷）信毎書籍印刷株式会社
製本所　株式会社国宝社

ISBN978－4－06－536564－9

発刊のことば

科学をあなたのポケットに

　二十世紀最大の特色は、それが科学時代であるということです。科学は日に日に進歩を続け、止まるところを知りません。ひと昔前の夢物語もどんどん現実化しており、今やわれわれの生活のすべてが、科学によってゆり動かされているといっても過言ではないでしょう。

　そのような背景を考えれば、学者や学生はもちろん、産業人も、セールスマンも、ジャーナリストも、家庭の主婦も、みんなが科学を知らなければ、時代の流れに逆らうことになるでしょう。

　ブルーバックス発刊の意義と必然性はそこにあります。このシリーズは、読む人に科学的に物を考える習慣と、科学的に物を見る目を養っていただくことを最大の目標にしています。そのためには、単に原理や法則の解説に終始するのではなくて、政治や経済など、社会科学や人文科学にも関連させて、広い視野から問題を追究していきます。科学はむずかしいという先入観を改める表現と構成、それも類書にないブルーバックスの特色であると信じます。

一九六三年九月　　野間省一